大数据应用人才培养系列教材

数据挖掘基础

（第2版）

总主编　刘　鹏

主　编　陶建辉

清华大学出版社
北　京

内 容 简 介

本书介绍数据挖掘的基本概念，包括数据挖掘的常用算法、常用工具、用途和应用场景及应用状况，讲述常用数据挖掘方法，如分类、聚类、关联规则的概念、思想、典型算法、应用场景等。此外，本书还从实际应用出发，讲解基于日志的大数据挖掘技术的原理、工具、应用场景和成功案例。

通过本书的学习，读者将了解数据挖掘的基本概念、思想和算法，并掌握其应用要领。本书可以作为培养应用型人才的课程教材，也可作为相关开发人员的自学教材和参考手册。

图书在版编目（CIP）数据

数据挖掘基础 / 刘鹏总主编；陶建辉主编. —2 版. —北京：清华大学出版社，2023.6
大数据应用人才培养系列教材
ISBN 978-7-302-63449-2

Ⅰ. ①数… Ⅱ. ①刘… ②陶… Ⅲ. ①数据采集—教材 Ⅳ. ①TP274

中国国家版本馆 CIP 数据核字（2023）第 081347 号

责任编辑：邓 艳
封面设计：秦 丽
版式设计：文森时代
责任校对：马军令
责任印制：刘海龙

出版发行：清华大学出版社
　　　　　网　　址：http://www.tup.com.cn，http://www.wqbook.com
　　　　　地　　址：北京清华大学学研大厦 A 座　　　　　邮　　编：100084
　　　　　社 总 机：010-83470000　　　　　　　　　　　邮　　购：010-62786544
　　　　　投稿与读者服务：010-62776969，c-service@tup.tsinghua.edu.cn
　　　　　质量反馈：010-62772015，zhiliang@tup.tsinghua.edu.cn
印 装 者：三河市天利华印刷装订有限公司
经　　销：全国新华书店
开　　本：185mm×260mm　　　印　　张：9.5　　　字　　数：219 千字
版　　次：2018 年 6 月第 1 版　　2023 年 6 月第 2 版　　印　　次：2023 年 6 月第 1 次印刷
定　　价：49.00 元

产品编号：097878-01

编写委员会

总主编　刘　鹏

主　编　陶建辉

副主编　高中强　姜才康

参　编　徐　昉　袁　华　梁英杰

　　　　王海洋　朱　辉

总　　序

　　短短几年间,大数据以一日千里的发展速度快速实现了从概念到落地,直接带动了相关产业的井喷式发展。数据采集、数据存储、数据挖掘、数据分析等大数据技术在越来越多的行业中得到应用,随之而来的即是大数据人才缺口问题的凸显。根据《人民日报》的报道,未来3～5年,中国需要180万大数据人才,但目前只有约30万人,人才缺口达到150万之多。

　　大数据是一门实践性很强的学科,在其呈现金字塔型的人才资源模型中,数据科学家居于塔尖位置,然而该领域对于经验丰富的数据科学家需求相对有限,反而是对大数据底层设计、数据清洗、数据挖掘及大数据安全等相关人才的需求急剧上升,可以说后者占据了大数据人才需求的80%以上。

　　迫切的人才需求直接催热了相应的大数据应用专业。2021年全国892所高职院校成功备案大数据技术专业,40所院校新增备案数据科学与大数据技术专业,42所院校新增备案大数据管理与应用专业。随着大数据的深入发展,未来几年申请与获批该专业的院校数量仍将持续走高。

　　即使如此,就目前而言,在大数据人才培养和大数据课程建设方面,大部分专科院校仍然处于起步阶段,需要探索的问题还有很多。首先,大数据是个新生事物,懂大数据的老师少之又少,院校缺"人";其次,院校尚未形成完善的大数据人才培养和课程体系,缺乏"机制";再次,大数据实验需要为每位学生提供集群计算机,院校缺"机器";最后,院校没有海量数据,开展大数据教学实验工作缺少"原材料"。

　　对于注重实操的大数据专业专科建设而言,需要重点面向网络爬虫、大数据分析、大数据开发、大数据可视化、大数据运维等工作岗位,帮助学生掌握大数据专业必备知识,使其具备大数据采集、存储、清洗、分析、开发及系统维护的专业能力和技能,成为能够服务区域经济的发展型、创新型或复合型技术技能人才。无论是缺"人"、缺"机制"、缺"机器",还是缺少"原材料",最终都难以培养出合格的大数据人才。

　　其实,早在网格计算和云计算兴起时,我国科技工作者就曾遇到过类似的挑战,我有幸参与了这些问题的解决过程。为了解决网格计算问题,我在清华大学读博期间,于2001年创办了中国网格信息中转站网站,每天花几个小时收集有价值的资料分享给学术界,此后我也多次筹办和主持全国性的网格计算学术会议,进行信息传递与知识分享。2002年,我与其他专家合作编写的《网格计算》教材正式面世。

　　2008年,当云计算开始萌芽之时,我创办了中国云计算网站(现已更名为云计算世界),2010年出版了《云计算(第1版)》,2011年出版了《云计算(第2版)》,2015年出版了《云计算(第3版)》,每一版都花费了大量成本制作并免费分享配套的教学PPT。目前,《云计算》一书成为了国内高校的优秀教材,2010—2014年,该书在中国知网公布的高被引图书名单中，位居自动化和计算机领域第一位。

除了资料分享，在 2010 年，我们在南京组织了全国高校云计算师资培训班，培养了国内第一批云计算老师，并通过与华为、中兴、奇虎 360 等知名企业合作，输出云计算技术，培养云计算研发人才。这些工作获得了大家的认可与好评，此后我先后担任了工信部云计算研究中心专家、中国云计算专家委员会云存储组组长、中国大数据应用联盟人工智能专家委员会主任、第 45 届世界技能大赛中国云计算专家指导组组长/裁判长、中国信息协会教育分会人工智能教育专家委员会主任、教育部全国普通高校毕业生就业创业指导委员会委员等。

近年来，面对日益突出的大数据发展难题，我们也正在尝试使用此前类似的办法应对这些挑战。为了解决大数据技术资料缺乏和交流不够通透的问题，我们于2013 年创办了大数据世界网站，投入大量人力进行日常维护；为了解决大数据师资匮乏的问题，我们面向全国院校陆续举办多期大数据师资培训班，致力解决缺"人"的问题。

至今，我们已举办上百场线上线下培训，入选"教育部第四批职业教育培训评价组织"，被教育部学校规划建设发展中心认定为"大数据与人工智能智慧学习工场"，被工信部教育与考试中心授权为"工业和信息化人才培养工程培训基地"。同时，云创智学网站向成人提供新一代信息技术在线学习和实验环境；云创编程网站向青少年提供人工智能编程学习和实验环境。

此外，我们构建了云计算、大数据、人工智能 3 个实验实训平台，被多个省赛选为竞赛平台，其中云计算实训平台被选为中华人民共和国第一届职业技能大赛竞赛平台；第 46 届世界技能大赛安徽省/江西省/吉林省/贵州省/海南省/浙江省等多个选拔赛，以及第一届全国技能大赛甘肃省/河北省云计算选拔赛等多项赛事，均采用了云计算实训平台作为比赛平台。

在大数据教学中，本科院校的实践教学更加系统性，偏向新技术应用，且对工程实践能力要求更高，而高职、高专院校则偏向技能训练，理论以够用为主，学生将主要从事数据清洗和运维方面的工作。基于此，我们联合多家高职院校专家准备了《云计算导论》《大数据导论》《数据挖掘基础》《R 语言》《数据清洗》《大数据系统运维》《大数据实践》系列教材，帮助解决缺"机制"的问题。

此外，我们也将继续在大数据世界和云计算世界等网站免费提供配套 PPT 和其他资料。同时，智能硬件大数据免费托管平台——万物云和环境大数据开放平台——环境云，使资源与数据随手可得，让大数据学习变得更加轻松。

在此，特别感谢我的硕士导师谢希仁教授和博士导师李三立院士。谢希仁教授所著的《计算机网络》已经更新到第 8 版，与时俱进，日臻完善，时时提醒学生要以这样的标准来写书。李三立院士是留苏博士，为我国计算机事业做出了杰出贡献，曾任国家攀登计划项目首席科学家；他严谨治学，带出了一大批杰出的学生。

本丛书是集体智慧的结晶，在此谨向付出辛勤劳动的各位作者致敬！书中难免会有不当之处，请读者不吝赐教。

刘　鹏

2023 年 1 月

前　言

数据挖掘是知识发现不可缺少的部分，是将未加工的数据转换为有用信息的过程。为了贯彻国家大数据战略，尽快帮助应用型院校学生学习和掌握数据挖掘的基本知识以及基本应用技能，我们以通俗、简明并结合实际应用的方式编写了本教材。

本教材讲述了数据挖掘概念、数据挖掘的常用方法，包括分类方法、聚类方法和关联规则方法。此外，本教材还从实际应用出发，讲解了日志的挖掘与应用方法，以及多个数据挖掘应用案例。

分类是数据挖掘中的一种重要方法，在给定数据基础上构建分类函数或分类模型，该函数或模型能够将数据归类为给定类别中的某一类别。一般通过构建分类器实现具体分类，分类器是对样本进行分类的方法统称。本教材将对分类的基本概念及知识，如决策树、分类器、贝叶斯分类器、支持向量机等内容进行讲解和研究。

聚类的过程，就是将相似数据归并到一类，使数据形成同类对象具有共同特征，不同类对象之间有显著区别的形态。聚类的目的是通过数据间的相似性将数据归类，并根据数据的概念描述来制定对应的策略。本教材将对聚类基本概念及常用算法进行讲解，着重研究聚合分析方法，并介绍聚类方法应用场景。此外，本教材还详细讲解了聚类方法的实现例子。

关于关联规则，我们从营销界流传的"啤酒与尿布"经典案例入手，介绍关联规则的概念、定义和分类，并分析关联规则的挖掘过程，包括频繁项集产生、强关联规则和关联规则评价标准，重点介绍关联规则的经典算法——Apriori算法，并分析关联规则挖掘技术在国内外的应用现状，以及关联规则挖掘实例。

综合实战——日志的挖掘与应用章节讲述了日志概念、日志处理、日志分析原理及工具、日志挖掘应用，以及日志分析挖掘实例。

我们衷心希望本教材可以帮助读者学习数据挖掘的基础知识，掌握数据挖掘的基本方法，并体会到数据挖掘在实际应用中的精妙之处。

感谢编写组的全体老师，他们相互鼓励、相互学习、相互促进，为本教材的编写付出了辛勤的劳动！本书的问世也要感谢清华大学出版社王莉编辑给予的宝贵意见和指导。

编者

2023 年 1 月

目　　录

第 1 章

数据挖掘的概念

随着大数据技术的不断发展，数据的复杂程度愈来愈高，不断有人针对大数据特征提出新的论断，大数据的特性也由原来的 4V 增加至现在的 7V：① 规模大（Volume）：数据的大小决定所考虑的数据的价值大小和潜在的信息多少；② 多样化（Variety）：数据类型的多样性；③ 高速性（Velocity）：指获得数据的速度；④ 价值化（Value）：合理运用大数据，以低成本创造高价值；⑤ 准确性（Veracity）：数据的质量；⑥ 动态性（Variability）：妨碍了处理和有效地管理数据的过程；⑦ 可视化（Visualization）：能帮助数据工作者更好地理解数据中可能存在的结构和规律。

数据挖掘是什么？与现有的统计学、概率学、信息学等学科有什么不一样？作为一门新兴的学科，数据挖掘有两个特点：一是数据的广泛性、多样性；二是数据研究的共性。数据的类型多种多样，既有传统的结构化数据，也有网页、文本、图像、视频、语音等非结构化数据。数据挖掘主要包括两个方面：一方面用数据挖掘算法、工具来研究数据；另一方面将获得的知识应用到各个领域中。在数据采集过程中并非所有的信息发现任务都被视为数据挖掘，如通过 Internet 搜索引擎查找特定的 Web 页面属于信息检索领域。数据挖掘是将未加工的数据通过相应的算法、工具转换为有价值的信息的过程。

数据挖掘的应用对现代社会的影响是多方面的，如对社会学的研究有着巨大的影响，主要包括两个方面：一是社交网络、网络科学成为新的研究层面，同时提供了新的研究方向、新的实用价值，如广告精准投放、热点及舆情分析等；二是新的数据来源和数据挖掘算法、工具使社会学研究进一步量化、去经验化。

1.1 数据挖掘概述

数据挖掘知识体系涉及内容广泛，本节将主要介绍一些基本的概念、算法和工具。

1.1.1　什么是数据挖掘

数据挖掘（Data Mining）就是从大量的、不完全的、有噪声的、模糊的、随机的数据中提取隐含在其中的、人们事先不知道的、但又是潜在有用的信息和知识的过程[1]。数据挖掘的数据源包括数据库、数据仓库、Web 或其他数据存储库。

世界幸福报告（The World Happiness Report）是一个具有标志性意义的调查报告（官方网址：http://worldhappiness.report/），旨在对世界各国的幸福状态进行了解和研究。世界幸福报告在各国政府、组织、民间广泛使用，它被用来指导其政策趋向及验证其政策开展的效果，获得了几乎全球的认可。2016 年的世界幸福报告显示，各个国家之间的幸福不平等程度显著增加。2016 年度的世界幸福报告（数据来源官方网址：https://www.kaggle.com/unsdsn/world-happiness）记录了对全球的 157 个国家的调查结果。

国家统计、经济学、心理学、调查分析、健康、公共政策等各个领域的专家们通过这些指数来研究评估一个国家的发展状况。数据挖掘在这个研究评估中起到了关键作用，其中涉及数据集、数据分类、层次聚类、数据可视化等概念。

并非所有的信息发现任务都可称为数据挖掘。例如，在数据库管理系统中检索一条记录，属于信息检索（Information Retrieval）领域的任务，尽管也是从大量数据中检索有用信息，但并不满足数据挖掘的概念。

1.1.2　数据挖掘常用算法概述

在面对海量数据时，需要使用一定的算法，才能从中挖掘出有用的信息，下面介绍数据挖掘中常用的算法。

1．分类算法

（1）决策树算法。决策树算法是一种典型的分类算法，首先利用已知分类的数据构造决策树，然后利用测试数据集对决策树进行剪枝，每个决策树的叶子都是一种分类，最后利用形成的决策树对数据进行分类。决策树的典型算法有 ID3、C4.5、CART 等。决策树算法的基本步骤如下。

① 生成决策树。遍历训练集数据，以数据中具有分类能力的属性作为决策树的节点，不断展开，直到该节点属于一个叶子节点，表明已经找到分类结果。

② 决策树剪枝。决策树剪枝是对步骤①中生成的决策树进行校验和修正，使用测试数据集对分类过程中产生的规则进行校验，剪掉影响分类结果准确性的分枝。

（2）贝叶斯分类算法。贝叶斯分类算法是统计学的一种方法，其中朴素贝叶斯算法在许多情况下可以与决策树和神经网络算法相媲美，而且方法简单，准确度高，速度快。贝叶斯算法是基于贝叶斯定理的，而贝叶斯定理假设一个属性值对给定类的影响独立于其他属性值，但这种假设在很多情况下是不成立的，为了降低这个假设的影响，产生了很多改进算法，如 TAN（Tree Augmented Bayes Network）算法。

在朴素贝叶斯算法中，将每个样本数据分为 n 个属性，计算每个属性属于分类 C_i 的概率，根据假设可知，所有属性属于分类 C_i 的概率之积即为该样本数据属于分类 C_i

的概率，找出概率的最大值，即可计算出该样本数据最有可能属于哪一个类别。

（3）支持向量机。支持向量机（support vector machines，SVM）是一种二分类模型，它的基本模型是定义在特征空间上的间隔最大的线性分类器，间隔最大使它有别于感知机；支持向量机还包括核技巧，这使它成为实质上的非线性分类器。支持向量机的学习策略就是间隔最大化，可形式化为一个求解凸二次规划的问题，也等价于正则化的合页损失函数的最小化问题。支持向量机的学习算法就是求解凸二次规划的最优化算法。

支持向量机是建立在统计学理论的 VC 维理论和结构风险最小原理基础上的，它在解决小样本、非线性问题及高维模式识别中表现出许多特有的优势，并能够推广应用到函数拟合等其他机器学习问题中。支持向量机算法将在后面章节做详细介绍。

2. 聚类算法

聚类算法不同于分类算法，不会考虑类标号，这是因为在很多情况下，开始并不存在类标号。聚类算法可以根据最大化类内相似性、最小化类间相似性的原则进行聚类或分组，这样就形成了对象的簇，同一个簇内的数据具有较高的相似性，不同簇之间的数据具有较低的相似性。常见的聚类算法有 K-means 算法、K-medoids 算法等。在对 2016 世界幸福报告进行分析时，首先对不同国家根据幸福指数进行聚类，再用不同降维方法在二维空间对数据进行展示，最后分析国家区域与幸福指数的关系。

3. 关联规则

关联规则是形如 $X→Y$ 的蕴涵式，X 和 Y 分别称为关联规则的先导和后继。我们先从一个例子中感受一下关联规则的重要性。

这里有一则沃尔玛超市的趣闻。沃尔玛曾经对数据仓库中一年多的原始交易数据进行了详细的分析，发现与尿布一起被购买最多的商品竟然是啤酒。借助数据仓库和关联规则，发现了这个隐藏在背后的事实：美国的妇女经常会嘱咐丈夫下班后为孩子买尿布，而 30%～40% 的丈夫在买完尿布之后又要顺便购买自己爱喝的啤酒。根据这个发现，沃尔玛调整了货架的位置，把尿布和啤酒放在一起销售，大大增加了销量[2]。

从这个例子中我们感受到了关联规则分析的重要性，而关联规则一般分为两个阶段，第一阶段必须先从数据中找出所有的高频项目组，第二阶段再在这些高频项目组中产生关联规则。常用的关联规则算法有 Apriori 算法、FP-growth 树频集算法等。

1.1.3 数据挖掘常用工具概述

下面介绍几种常用的数据挖掘工具。

1. Weka 软件

Weka（Waikato Environment for Knowledge Analysis）的全名是怀卡托智能分析环境，是一款免费且非商业化的数据挖掘软件，也是基于 Java 环境下开源的机器学习与数据挖掘软件。Weka 的源代码可在其官方网站下载。它集成了大量数据挖掘算法，包括数据预处理、分类、聚类、关联分析等。用户既可以使用可视化界面进行操作，也可以使用 Weka 提供的接口，实现自己的数据挖掘算法。图形用户界面包括 Weka Knowledge Flow

Environment 和 Weka Explorer。用户也可以使用 Java 语言调用 Weka 提供的类库实现数据挖掘算法，这些类库存在 weka.jar 中。

2．Clementine（SPSS）软件

Clementine 是 SPSS 公司所发行的一种资料探勘工具，集成了分类、聚类和关联规则等算法，Clementine 提供了可视化工具，方便用户操作。其通过一系列节点来执行挖掘过程，这一过程被称为一个数据流，数据流上面的节点代表了要执行的操作。Clementine 的资料可视化能力包含散布图、平面图及 Web 分析。

3．KNIME 软件

KNIME（Konstanz Information Miner）是基于 Eclipse 开发环境来精心开发的数据挖掘工具，可以扩展使用 Weka 中的数据挖掘算法。与 Clementine 类似，KNIME 使用类似数据流的方式实现数据挖掘过程，挖掘流程由一系列功能节点组成，每个节点有输入、输出端口，用于接收数据或模型以及导出结果。

4．RapidMiner 软件

RapidMiner 在 2015 年 KDnuggets 举办的第 16 届国际数据挖掘暨分析软件投票中位居第 2，仅次于 R 语言。RapidMiner 具有丰富的数据挖掘分析和算法功能，常用于解决各种商业关键问题，如资源规划、营销响应率等。RapidMiner 提供的解决方案涉及多个行业与领域，如生命科学、制造业、石油、保险、汽车、银行通信等。不过，它不支持分析流程图方式。

5．Intelligent Miner 软件

由美国 IBM 公司开发的数据挖掘软件 Intelligent Miner 是一种分别面向数据库和文本信息进行数据挖掘的软件系列，它包括 Intelligent Miner for Data 和 Intelligent Miner for Text。其中，Intelligent Miner for Data 可以挖掘包含在数据库、数据仓库和数据中心中的隐含信息，帮助用户利用传统数据库或普通文件中的结构化数据进行数据挖掘，已经成功应用于市场分析、诈骗行为监测及客户联系管理等；Intelligent Miner for Text 允许企业对文本信息进行数据挖掘，文本数据源可以是文本文件、Web 页面、电子邮件、Lotus Notes 数据库等。

6．Enterprise Miner 软件

这是一种在我国的企业中得到采用的数据挖掘工具，比较典型的包括上海宝钢在配矿系统中的应用和铁路部门在春运客运研究中的应用。SAS Enterprise Miner 是一种通用的数据挖掘工具，按照"抽样—探索—转换—建模—评估"的方法进行数据挖掘。可以与 SAS 数据仓库和 OLAP 集成，实现从提出数据、抓住数据到得到解答的"端到端"知识发现。

7．其他数据挖掘软件

目前，流行的数据挖掘软件还有 Orange3、Knime、Keel 等，其中 Orange3 界面简洁，

Knime 可同时安装 Weka 和 R 扩展包，Keel 可以为一系列数据运算提供算法。

1.2 数据探索

数据挖掘质量的高低与数据有着密切的关系，因此与数据相关的问题都要重视和学习。本节主要探索性地学习一些与数据相关的知识。

（1）数据类型。用来描述数据对象的属性，具有不同的类型，如定量的或定性的。数据类型决定了在数据挖掘中使用何种工具和技术处理分析数据。

（2）数据质量。想要完美数据几乎是不可能的，但采集到高品质数据可以提高分析结果的质量。在解决数据质量问题时，要考虑到存在噪声和离群点，数据遗漏、重复等问题。

（3）数据挖掘前预处理。一般情况下，原始数据要进行处理后才适合于挖掘和分析。提高数据质量的同时要让数据能被相关数据挖掘技术或工具加工。

（4）数据分析。找出数据对象之间的联系，通过这些联系进行相关的分析。例如，计算对象之间的相似度或距离，根据相似度或距离进行分析——聚类、分类、异常检测等。

1.2.1 数据概述

数据集是数据对象的集合。数据对象又称点、记录、向量、事件、案例、样本、模式、观测或实体。数据对象用一组刻画对象基本特性（如物体质量或事件发生的时间）的属性描述。属性又称维、变量、特性、字段、特征。

1. 属性

属性是指对象的性质、特性或特征，随着对象不同而不同，或随时间变化而变化。

（1）根据属性可能取值的个数区分属性。

① 离散属性。离散属性可能取值的个数是有限的或无限的。离散属性既可以用来分类，如邮政编码或 ID 号，也可以用来计数，如各国人口数量。一般离散属性用整数变量表示。二元属性是离散属性的一种特殊情况，并只接受两个值，如真/假、是/否、男/女或 0/1。通常，二元属性用布尔变量表示，或者用只取两个值 0 或 1 的整型变量表示。

② 连续属性。连续属性是取实数值的属性，如温度、高度或重量等。一般连续属性用浮点变量表示。数据分析中实数值只能用有限的精度测量和表示。

（2）非对称的属性。

如果一个属性的不同状态权重不同，则该属性称为非对称属性。在非对称属性中非零属性值才是重要的。例如，现有一个数据集，其中一个学生是一个对象，而每个属性记录学生是否选修大学的某课程。对于某个学生，如果他选修了对应于某属性的课程，该属性取值 1，否则取值 0。由于学生只选修可选课程中的很小一部分，这种数据集的大部分值为 0。因此，关注非 0 值将更加有意义，更有效。只有非 0 值才重要的二元属性是非对称的二元属性。这类属性对于关联分析特别重要，同时有离散的或连续的非对称特征。例如，如果记录每门课程的学分，则结果数据集将包含非对称的离散属性或连续属性。

2. 数据集的一般特性

数据集一般具有 3 个特性，分别是维度、稀疏性和分辨率，它们对数据挖掘有重要影响。

（1）维度。数据集的维度是数据集中的对象具有的属性数目。低维度数据与中维度、高维度数据有本质的差异。在分析高维数据集时容易陷入维灾难中，因此，数据预处理的一个重要环节是降维度，称为维归约。

（2）稀疏性。数据集会具有非对称特征，一个对象的大部分属性的值都为 0；通常情况非零项还不到 1%。稀疏性是一个优点，因为存储和处理针对的是非零值数据，数据的稀疏性会节省大量运算时间和存储空间。

（3）分辨率。在不同的分辨率下采集到的数据不同，并且在不同的分辨率下数据的性质也不同。例如，在几米的分辨率下，地球表面看上去起伏不平，但若在几十千米的分辨率下却相对平坦。数据的模式同样依赖于分辨率。如果分辨率太高，模式可能看不出，或者掩埋在噪声中；如果分辨率太低，模式可能无法呈现。例如，几小时记录一下气压变化可以反映出风暴等天气云图的移动，而在月的标度下，这些现象就检测不到。

3. 较常见的数据类型

较常见的数据类型有以下几种。

❑ 表格：经典的数据类型。在表格数据中，一般行代表样本，列代表特征。
❑ 点集：数据中有很多都可看成是某种空间的点的集合。
❑ 时间序列：文本、语音、DNA 序列等可看成是时间序列，也可以是一个时间变量的函数。
❑ 图像：可以是两个变量的函数。
❑ 视频：时间和空间坐标的函数。
❑ 网页：网页上的每篇文章可以是时间序列，同时整个网页又具有空间结构。
❑ 网络数据：网络数据本质上是图，由节点和联系节点的边构成。

当然，还要考虑更高层次的数据，如图像集、时间序列集、表格序列等。应正确描述数据对象的属性且理解数据集会具有特定的性质。数据挖掘研究是为了适应新的应用领域和新的数据类型的需要而展开的。

1.2.2　数据质量

数据在收集时并没有明确用途和目的，这使得数据挖掘不能在收集数据之初控制质量，进而使得数据质量问题无法避免。因此在进行数据挖掘时需要注重两个问题：一是数据质量的检测及纠正，即是数据清理；二是在使用算法时应用允许低质量数据的算法。可见，数据质量关注的重点是测量和数据收集问题。

数据采集过程中可能会存在测量设备限制、人为错误、数据收集方式的漏洞等导致的数据质量问题，例如，数据值丢失或者整个数据对象都可能会丢失，因而完美的数据是很难存在的。甚至有时会有不真实或重复的数据，即对应于单个"实际"对象出现了多个数据对象。例如，以同一个人为对象，该对象在一周内因出差住过两个不同地域的酒店，酒店所有记录数据都有，没有丢失，但对于该对象的同一类型信息数据出现了两个不同的数据记录。

下面将介绍 3 方面的内容：① 什么是测量误差？什么是数据收集错误？② 什么是测量误差中的噪声、准确率和精度？③ 遗漏、离群点和重复数据的相关概念。

1．什么是测量误差？什么是数据收集错误？

"测量误差"是测量过程中测量结果与实际值之间的差值。实际值是客观存在的，是在一定时间及空间条件下体现事物的真实数值，但测量值与实际值之间总是或多或少地存在一定的差异，这就是测量误差。一个常见的问题：在某种程度上，记录值与实际值不同。

"数据收集错误"是指收集数据时遗漏数据对象或属性值，或包含了其他数据对象等情况。测量误差及数据收集错误由客观因素或人为因素造成。但有一些错误是可以借助检测技术和手段进行纠正的，如用键盘输入数据时出现的人为错误就可以通过检测技术提醒或纠正。

2．什么是噪声？

噪声，从物理角度，是指波形不规则的声音；从数据采集角度，是指测量误差的随机部分。这可能涉及值被扭曲或加入了不相关对象。

噪声包含时间和空间的数据。通常使用信号或图像处理技术降低噪声，以便发现可能"淹没在噪声中"的信号数据。但想完全消除噪声是很困难的。如何能在噪声干扰下产生可以接受的挖掘应用？目前应用较多的解决方案是设计具有鲁棒性的算法（鲁棒性是控制系统在一定结构、大小等参数干扰下，维持某些性能的特性，有稳定鲁棒性和性能鲁棒性）。

3．什么是精度和准确率？

数据集不包含数据精度信息，用于分析的程序的返回结果也没有这方面信息。数据挖掘分析由于缺乏对数据和结果准确率的关注，就会在进行数据分析时出现较大的错误或偏差。

对相同的基本量进行反复测量，测量值集合后计算均值（即平均值），该均值即为实际值的估值。

精度（同一个基本量）是重复测量值之间的近似程度，一般用值集合的标准差度量。例如，为了评估实验室的新天秤的精度，要将标准实验室质量为 1 g 的砝码放在天秤上称重，共称重 5 次，得到的值分别为 1.014、0.991、1.012、1.001 和 0.987。这些值的均值是 1.001。而用标准差度量，新天秤的精度是 0.013。

准确率从实验角度是指在一定实验条件下的多个测定值中，满足限定条件的测定值所占的比例，常用"符合率"来表示。

只有精度和准确率都符合要求的数据才是可靠、有用的数据。

4. 遗漏

对一个研究对象进行数据采集时，遗漏一个或多个属性值的情况时有发生。还会出现信息收集不全的情况，如在收集个人信息数据时有人拒绝透露年龄或体重。

对于不同的数据遗漏情况，要运用不同遗漏值处理策略来处理，要注意不同策略和特定情况之间的适用关系。

（1）删除数据对象或属性。删除具有遗漏值的数据对象是一种简单有效的策略，它的难点在于如何做到被删除的属性不是分析中至关重要的属性。

（2）估计遗漏值。遗漏值是能可靠地被估计出来的。例如，对于一个具有许多相似数据点的数据集，根据具有遗漏值的点邻近点的属性值就能估计遗漏值。

5. 离群点

离群点又称歧义值或异常值，从数理统计角度是指一个时间序列中，远离序列一般水平的极端大值和极端小值。离群点在某种意义上具有不同于数据集中其他大部分数据对象的特征。

在数据挖掘中，要能区别噪声和离群点。离群点可以是合法的数据对象或值，它本身可能会是研究的对象。例如，在欺诈和网络攻击检测中，目标就是从大量正常对象或事件中发现不正常的对象和事件。又如，股票价格序列中，由于受某项政策出台或某种谣传的刺激，都会出现极增、极减情况，变现就是序列中的离群点。

6. 重复数据

数据集中会出现两个或多个对象在数据库中的属性度量相同，只是代表对象不同，这种重复是允许的。检测重复或删除无效重复时，要注意两个方面：一是两个对象实际是同一个对象，对应的属性值出现不同，需要解决这些不一致的值；二是需要避免发生将两个相似不重复的数据对象（如两个人同名同姓）合并在一起的情形，即是通常说的去重。

以上介绍了数据采集过程中出现的影响数据质量的因素，下面从应用角度介绍影响数据质量的两个常见问题。

（1）时效性。例如，顾客的购买行为或 Web 浏览模式只代表有限时间内的真实情况，在数据采集后就开始过时，且基于数据的模型和模式也随之过时。

（2）相关性。在被挖掘的分析数据集中须包含应用所需要的所有信息。例如，为预测交通事故发生率构建模型时，我们必须收集驾驶员的年龄、性别等信息，否则模型的精度是有限的，得到的结论也会有偏差。

1.2.3 数据预处理

数据预处理是指在采用数据时为了让数据更加适合加工分析而对数据进行的预先处理。以下将讨论一些重要且相关的方法。

1. 聚集

聚集是将两个或多个对象合并成单个对象。例如，一个由事务（数据对象）组成的数据集，它记录一年中不同日期在各地（北京、上海、重庆、杭州、贵阳……）商店的商品日销售情况，如表 1-1 所示。若对该数据集的事务进行聚集，可以用一个商店事务替换该商店的所有事务。将每天出现在一个商店的多个事务记录归约成单个日事务，而数据对象的个数减少为商店的个数。

表 1-1 各地商店的商品日销售情况

事物 ID	商品名称	商店所在地	日 期	销售价格/元	···
···	···	···	···	···	···
20170120	手表	北京	2017-10-10	30000.00	···
20170120	珠宝	北京	2017-10-10	120000.00	···
20170121	大衣	贵阳	2017-10-10	7000.00	···
···	···	···	···	···	···

聚集是删除属性（如商品类型）的过程，或者压缩特定属性不同值个数的过程，如将日期的可能值从 365 天压缩到 12 个月。相对于被聚集的单个对象，聚集量（如平均值、总数等）具有较小的变异性。聚集的缺点是可能丢失一些细节，如在上面的例子中，按月的聚集就丢失了星期几具有最高销售额的信息。

2．抽样

在统计学中，抽样长期用于数据的事先调查和最终的数据分析。在数据挖掘中，抽样同样可以实现较好的效果，因此选择适当的样本容量和抽样技术是很重要的。

（1）抽样方法。采用简单随机抽样时，选取任何特定项的概率是相等的。随机抽样有两种变形：无放回抽样——每个选中项立即从构成总体的所有对象集中删除；有放回抽样——对象被选中时不从总体中删除。在有放回抽样中，相同的对象可能被多次抽出。相对来说，有放回抽样较为简单，因为在抽样过程中，每个对象被选中的概率保持不变。

（2）渐进抽样。当合适的样本容量难以确定时，需要使用渐进抽样（即自适应）方法——从一个小样本开始，逐渐增加样本容量直至得到足够容量的样本。假定使用渐进抽样来构建一个预测模型，其准确率随样本容量的增加而增加，但是在某一点处准确率的增加趋于稳定，于是在稳定点处停止增加样本容量。

3．维归约

维归约是指通过创建新属性，将原来的一些属性合并在一起来降低数据集的维度。由原来属性的子集得到新属性，这种维归约称为特征子集选择或特征选择。

所谓维归约，就是要减少数据的特征数目，摒弃不重要的特征，尽量只用少数的关键特征来描述数据。人们总是希望看到的现象主要是由少数的关键特征造成的，找到这些关键特征也是数据分析的目的之一。

维归约的优势在于，其可以删除不相关的特征并降低噪声，使模型更容易被理解，使数据更容易可视化，还可以缩短数据挖掘算法的时间并降低内存需求。

4．维灾难

维灾难是指随着数据维度的增加，数据分析变得异常困难。尤其是随着维度的增加，数据所占据的空间越来越稀疏。对于分类，这可能意味着没有足够的数据对象来创建模型，不能将所有可能的对象可靠地指派到一个类；对于聚类，点之间的密度和距离的定义失去了意义。对于高维数据分类，准确率降低，聚类质量下降。

5. 维归约的线性代数技术

维归约最常用的方法是，使用线性代数技术将数据从高维空间投影到低维空间，特别是对于连续数据。主成分分析是一种用于连续属性的线性代数技术，它可以找出新的属性（主成分），这些属性是原属性的线性组合，并且捕获了数据的最大变差。

1.3 数据挖掘的应用

1.3.1 数据挖掘的现状及发展趋势

就目前而言，大数据是通过各种数据采集器、数据库、开源的数据发布、GPS 信息、网络痕迹（如搜索记录、购物等）、传感器、用户保存等途径获取的结构化、半结构化、非结构化的数据。面对如此广泛地存在，数据挖掘的应用已变成必然。数据挖掘应用源于统计学中的抽样、估计、假设检验，其关键词包括人工智能、模式识别、机器学习、建模技术和学习理论、最优化、进化计算、信息论、可视化等。

现在，国内数据挖掘研究更多地体现在数据相关算法及工具使用、数据挖掘的实际应用和数据挖掘理论几个方面。尽管有不少数据挖掘方面的论文，但能与产业、企业发展深度融合的不多，能与行业多维度结合的更是凤毛麟角。

当数据挖掘带来价值的影响力越来越大时，各领域企业纷纷积极参与其中，期望获得巨额的回报。目前，国内各个行业对数据挖掘都有一定的研究，尽管国内暂时还没有数据挖掘行业本身正式官方的市场统计分析报告，但随着数据量的日益积累以及各类算法、工具的深度而广泛应用，国内的数据挖掘将在今后 2～4 年形成一系列的产业。

数据挖掘是数据处理的核心技术，国内数据挖掘相关专业的人才培养体系尚在建立的过程中，精通数据挖掘技术、商业智能应用技术的人才太少。企业、政府机构和科研单位对此类人才的需求量极大，缺口也极大。数据挖掘的发展趋势包括以下几点。

第一，语言标准化。使语言描述形式化、标准化，即研究专门用于知识发现的数据挖掘语言。

第二，实施标准化。即实现真正的可视化数据挖掘，在知识发现过程中使人机交互更便捷（建立数据挖掘过程中的可视化方法，使知识发现的过程能够被用户理解）。

第三，Web 数据挖掘。建立 DMKD（数据挖掘和知识发现）服务器，与数据库服务器配合，实现 Web Mining。

第四，多媒体数据挖掘。多媒体数据是一种多维的、半结构化、非结构化等形式的数据，如文本数据、图文数据、视屏图像数据、声音数据、综合多媒体数据等。

1.3.2 数据挖掘需要解决的问题

在面对大量非结构、半结构数据集带来的问题时，传统的数据分析技术和方法常常遇到很多的问题甚至是困境，这也是要进行真正数据挖掘需要解决的问题。

1．算法延展性

算法延展性即为算法弹性，随着数据产生、采集技术的快速进步，以 GB、TB、PB（1 GB=1024 MB，1 TB=1024 GB，1 PB=1024 TB）为单位的数据集越来越普遍。如果数据挖掘算法要处理这些海量数据集，那么算法必须具有较好的延展性。许多数据挖掘算法使用不同的检索方法来处理科学指数级的检索问题。为了实现延展性，需建立新的数据结构，才能以有效的方式访问每个记录。例如，当要处理的数据不能放进内存时，就需要非内存算法。使用抽样技术或开发并行和分布算法可以提高算法的延展性。

2．高维性

在以前的数据库构成中只有少量属性的数据集，现在大数据集群构成中具有成百上千属性的数据集。例如，生物信息学领域中微阵列技术的进步已经产生了涉及数千特征的基因表达数据。另外，带有时间、空间分量的数据集也具有高维度。例如，包含不同地区的温度测量结果的数据集，若在一个相当长的时间周期内反复地测量，维度（特征数）的增长与测量次数成正比。传统的数据分析技术在解决少量维度数据集问题时还有尚佳的表现，但在处理高维数据集问题时几乎无能为力。与此同时可以看到，对于某些数据分析算法，随着维度（特征数）的增加，计算的复杂性会以指数级迅速增加。

维数高带来的是维数灾难，那么怎样克服这个困难呢？通常有两类方法：一类方法是将数学模型限制在一个极小的特殊类中，如线性模型；另一类方法是利用数据可能存在的特殊结构，如稀疏性、低维或低秩性、光滑性等。

3．多种而复杂的数据

传统的数据分析方法只能处理包含相同类型属性的数据集，或者是连续的，或者是分类的。随着数据挖掘在商务、科学、医学、交通、治安等各个领域的作用越来越大，这就需要能够处理包含多种类型属性数据集的技术。随着应用程度加深、应用维度加宽，更复杂的数据对象不断涌现。例如，含有半结构化文本和超链接的 Web 页面集、具有序列和三维结构的 DNA 数据、包含地球表面不同位置上的时间序列测量值（如温度、气压等）的气象数据等。为了挖掘这种复杂对象而开发的技术应当考虑数据中的关联性，如时间和空间的自相关性、图的连通性、半结构化文本和 XML 文档中元素之间的联系。

4．数据的所有权与分布

现在经常会有这样的状况，需要分析的数据并非存放在一个站点，或归属一个机构，而是属于地理或空间分布不同的多个机构的资源中。这就需要开发并应用分布式数据挖掘技术，分布式数据挖掘算法面临的主要挑战包括降低执行分布式计算所需的通信量、有效地统一从多个资源得到的数据挖掘结果和提高数据安全性。

5．非传统的分析

统计的传统方法是先提出一种假设，然后检验，即提出一种假设，再设计实验来收集数据，然后以假设为基础分析数据。但当前的数据分析任务会产生和评估数千种假设，单凭传统统计方法很难快速有效地完成任务，这就促使人们开发新的数据挖掘技术来高效地、自动地产生和评估假设。另外，数据挖掘分析的数据集一般不是精心设计的实验结果，通常是数据的时机性样本，而不是随机样本。数据挖掘分析的数据集通常具有非传统的数据类型和数据分布。

1.3.3　数据挖掘的应用场景

数据挖掘的应用场景涉足各行各业、各个领域，其目标是服务市场需求。下面将介绍数据挖掘的应用场景。

1. 商业数据挖掘应用场景

在客户初次了解了我们的产品和服务后，有可能会犹豫不决，甚至会观望很久才能真正成为我们的客户，而大部分客户在这期间会由于兴趣逐渐减退而最终流失。例如，信用卡新客户在填好个人信息并收到信用卡后却迟迟没有开卡。这时就可以运用数据挖掘技术，对营销人员得到的客户基本信息进行初步筛选，找出购买倾向性较高的客户进行深度跟踪营销。这么做既减少了人工成本，又降低了打扰客户的次数，从而减少了投诉。同时在与潜在客户的交流中，也会为其制定更个性化的产品或服务组合。

电话营销、电视广告投放和平面宣传等是商业机构用来宣传自己的产品和服务的营销手段，目的在于更加精准和有效地将产品推送给潜在客户，以提高收益。葡萄牙一家银行通过电话营销的方式推广其银行定存产品（官方网址：https://archive.ics.uci.edu/ml/datasets/Bank+Marketing），在推广中收集整理各类数据并汇总为一个数据集，该数据集一共包含 45211 个样本，包括客户基本信息、营销活动信息和社会经济环境信息在内的 17 个特征，目标特征为客户是否订购产品。客户基本信息包括年龄、职业、婚姻状态、教育程度、房产和贷款等。营销活动信息包括通话方式、通话次数和上次营销结果等。社会经济环境信息包括就业变化率、居民消费价格指数和消费者信息指数等。经过一系列的数据挖掘算法和工具，发现当业务员联系客户的次数减少时，客户更倾向于订购产品，因此银行应控制业务员联系客户的次数。

在制定销售策略时，可以通过数据挖掘产品之间的关联性，从中发现产品销售过程中预期不到的模式。例如，“啤酒与尿布”的故事就是从客户在超市的购物记录中获取的。这种技术目前被广泛运用在零售业、银行、保险等领域，大家对京东商城的推荐产品和淘宝的“猜你喜欢”两个模块应该有深刻的印象吧，这两个模块都是对这个主题的运用。

2. 智慧交通数据挖掘应用场景

应用电子地图导航，对用户出行数据进行分析，可以预测不同城市之间的人口迁移情况，或者某个城市内群体出行的态势。例如，通过预测春运期间的人口流动，进行春运期间的交通调整。

国内道路在监控上的投入很大，“十二五”高速视频监控点建设实现了京津地区全覆盖，监控摄像头的数量每年增加 20%。通过数据挖掘技术的应用可以构建大交通管理，让出行变得更智慧，同时还能够为社会构建大治安管理，让社会更安全。

移动场景中的位置信息：可以利用这样的位置信息对其中的搜索进行精确定位，从而提供更加准确的基于地理信息的搜索。

现在很常见的应用场景，如国内自驾游中，到了一个陌生的城市、地域、景区，完全可以依赖现有手机 App 中的高德地图、百度地图等进行导航。这些导航甚至可以用来为人们每天出门上班、上学提供一条交通顺畅的道路出行。这些都让人们的生活更便捷、更智慧！

货车帮——中国最大的公路物流互联网信息平台，建立了中国第一张覆盖全国的货源信息网，并为平台货车提供综合服务，致力做中国公路物流基础设施。2017 年 6 月，货车帮获《金融时报》和国际金融公司联合发布的"变革基础设施成就奖"和综合奖——"颠覆性技术卓越奖"。货车帮通过货运大数据对市场需求做精准把握，运用数学模型实现最优资源配置和供需平衡功能，逐步实现智能货车匹配、智能实时调度、智能标准报价，以及对物流信息全程追踪和可视化，显著提升公路干线物流货源、车辆、路线、价格的匹配速度、精准度和运输组织效能。

3．金融行业数据挖掘应用场景

行为信用评分：与初始信用评分的目的相同，行为信用分析的变量中加入了客户产品消费行为的信息，使对客户信用的评估变得更准确。例如，美国 AT&T 电信公司通过掌握客户更多的通话、差旅等行为信息，使得该公司对客户信用风险评级精确度明显高于一般的信用卡公司。

利用银行卡刷卡记录定位财富人群。目前，国内约有 120 万人属于高端财富人群，其平均可支配的金融资产在 1000 万元以上，是银行财富管理的重点开发市场。他们具有典型高端消费习惯，银行通过对 POS 机消费记录等多维度的数据挖掘后，来定位高端财富人群，为其定制财富管理方案等金融服务品种。

阿里云，阿里巴巴集团旗下的云计算品牌，全球卓越的云计算技术和服务提供商，是全球领先的云计算及人工智能科技公司，致力以在线公共服务的方式提供安全、可靠的计算和数据处理能力，让计算和人工智能成为普惠科技。阿里云服务着制造、金融、政务、交通、医疗、电信、能源等众多领域的领军企业。其中在金融方面的数据服务中，有资产类数据、信用类数据和负债类数据等。

金融行业是一个数据挖掘应用凸显经济价值的领域，数据挖掘的应用能帮助金融行业突破其传统模式的弊端，获得更高的市场价值。

4．医疗行业数据挖掘应用场景

（1）预测建模。新药物研发阶段的医药公司，通过数据建模、分析找到最有效的投入产出比例，使资源获得最佳组合。建立模型的数据由药物临床试验阶段之前的数据集、早期临床阶段的数据集构成。预测建模能降低医药产品公司的研发成本，在通过数据建模和分析预测药物临床结果后，可以暂缓研究次优的药物或者停止在次优药物上的昂贵的临床试验。通过数据建模、分析，不仅可以生产更有针对性的药物，还能更快地将药物推向市场。传统新药从研发到市场的周期大约为 13 年，使用数据预测模型能大大缩短新药推向市场的时间周期，缩短后的周期为 3～5 年。

　　大健康的理念在数据挖掘技术的基础上得以实现，可以预测患病风险，提出指导性个性化方案。通过大数据深度挖掘和应用，开展影像检测、基因检测、病理诊断等关联性研究，从预防、诊断、治疗等各个环节提高精准度，实现精准诊疗。贵阳朗玛信息技术股份有限公司（简称朗玛信息）在深交所创业板上市。它是一家互联网服务公司，致力利用互联网、大数据及云计算技术，有机结合医疗及智能穿戴技术，为健康领域服务。围绕"用户入口、大数据分析、医疗资源"这 3 要素，开展以互联网医院为核心载体的互联网医疗业务。在互联网医院的支撑下，以互联网、大数据、云计算等先进技术为纽带，建设包括实体医院、体检机构、社区卫生中心、药店、医生、康复中心、养老机构、保险机构、学术研究、政府监管等在内的共赢生态圈。互联网医院将帮助用户更便利地得到适当的医疗与健康管理服务，改善并提升用户在医院的就医体验，就医后也能得到更好的康复。互联网医院也将从看病诊疗的场所延伸至基于大数据的健康管理，真正实现"上医治未病"。

　　（2）网络平台和社区。网络平台和社区蕴含着丰富的大数据商业模型，这些平台和社区已经产生了大量有价值的数据。例如，PatientsLikeMe 网站，病人在网站上分享治疗经验；SERMO 网站，医生在网站上分享医疗见解；ParticipatoryMedicine 网站，是一家非营利性组织运营的网站，积极鼓励病人进行治疗。以上这些各类平台都是宝贵的数据来源。而其中 SERMO 网站面向医药公司收取费用，医药公司通过付费可以访问会员信息及网上互动信息等数据。

5. 农业数据挖掘应用场景

　　在美国，农业数据挖掘应用场景注重大数据的精准化和智能化。

　　一些种业巨头公司面对大数据时代的来临已主动应用数据挖掘。其中孟山都（Monsanto）公司收购、并购了 Precision Planting 公司和 Climate Corporation 公司，成为世界种子供应商中的翘楚，拥有该行业全球最大的资源和海量产量数据，这些数据与Climate 公司的气象数据相结合可以得到种植环境区划和精细划分的品种数据，农民可以得知自己农场属于哪个种植区，适合种什么样的种子在什么条件下长势最好，以及更多实用的信息。

　　杜邦先锋公司是种业领域的巨头之一，其依托优质种质资源与研发技术，率先结合农业大数据推进精准农业技术。其种子部门与农场机械制造商约翰迪尔联手，给农民提供种子和化肥方面的指导。

　　数据挖掘时代，农民也在使用移动设备管理农场，以方便掌握实时的土壤、温度、作物状况等信息，提高了农场管理的精确性。美国天宝（Trimble）公司提供了整套农机作业综合解决方案——"网络农场系统"，它能够通过无线模块发射无线网络通信连接整个农场的软件和硬件设备，这套管理系统基于地理信息系统（GIS）开发，提供农场地图的浏览与编辑、农业产业的收益计算与管理、精准农业数据的处理与分析等全面的农业问题解决方案。

6. 气象数据挖掘应用场景

　　不仅农业、林业、水运等传统行业依赖气象，如今气象对人类社会的影响已涉及方方面面。数据挖掘技术支持定制化服务以满足各行各业的需求。通过对气象数据的挖掘，天气预报的准确性、时效性都有了极大的提高，包括对重大自然灾害的预警及精确掌握危害等级等，这些都能帮助人们最大限度地减少自然灾害带来的危害。

国外的气象大数据应用已经比较成熟。默克公司提前半年多掌握了美国地区 3 月份的气象信息，并预测温暖的空气将带来花粉等过敏因素，默克公司加大了过敏药的宣传和供应，由此带来数百万美元的额外销售额；路边的连锁便利店会根据天气变化改变橱窗货物的摆放，如在下雨前将雨伞摆放在醒目的位置；销售西装、凉鞋、饮料、甜甜圈和汽车零部件的公司，也可以从气象大数据中窥见市场机会。

例如，孟山都公司的 ClimatePro 或 Field Scripts、先锋（Pioneer）公司的 Field360 都与气候云（Climate Cloud）相结合，整合农民机械化农场设备的种植和产量数据以及气象、种植区划等多项数据，可以得到较为详尽的种植决策，精准化农事生产，帮助农民提高产量和利润。

英国的气象服务已经全部商业化，年产值达到 2600 亿美元，美国 1600 亿美元，日本 100 亿美元，而中国只有 6 亿美元，专业的气象数据服务在中国市场前景巨大。

1.4　作业与练习

下列每项活动是否是数据挖掘任务？
1．根据性别划分公司的顾客。
2．根据可营利性划分公司的顾客。
3．计算公司的总销售额。
4．根据学生的标识号对学生数据库进行排序。
5．预测掷一对骰子的结果。
6．使用历史记录预测某公司未来的股价价格。

参考文献

[1] Pang-Ning Tan，Michael Steinbach，Vipin Kumar. Introduction to Date Mining[M]. 范明，范宏建，译. 北京：人民邮电出版社，2011.

[2] 刘鹏. 大数据[M]. 北京：电子工业出版社，2017.

第 2 章

分类

本章介绍分类的基本概念、解决分类的一般方法以及如何处理过拟合问题，重点详解决策树及其工作原理、决策树归纳法和处理拟合方法；贝叶斯决策及朴素贝叶斯分类器，同时讲解支持向量机中的最大边缘超平面、线性 SVM、非 SVM、核函数的基本内容，并列举分类在实际场景中的应用实例。

分类问题是一个普遍存在的问题，其应用具有普遍性。分类反映同类事物共同性质的特征和不同事物之间的差异型特征，如医学中根据核磁共振扫描的结果区分肿瘤是恶性还是良性等。本章将对分类的相关知识，如决策树、分类器、贝叶斯、支持向量机等内容进行讲解和研究。

2.1 分类概述

2.1.1 分类的基本概念

分类，是一种重要的数据分析形式。根据重要数据类的特征向量值及其他约束条件，可以将数据对象划分为不同的类型，通过进一步的分析挖掘事物的本质，建立分类函数或分类模型。分类的主要用途是"预测"，基于已知样本预测新样本的所属类型。

分类任务就是通过学习得到一个目标函数（分类模型）f_x，把每个属性集 x 映射到一个预先定义的类标号 y。分类模型可用于描述性建模和预测性建模。描述性建模可作为解释性工具，用于区分不同类中的对象；预测性建模可用于预测未知记录的类别[1]。

2.1.2 解决分类问题的一般方法

分类法是一种根据输入数据集建立分类模型的系统方法，包括决策树分类法、基于规则的分类法、支持向量机分类法、朴素贝叶斯分类法、神经网络等分类法。另外，还有用于组合单一分类方法的集成学习算法，如 Bagging 和 Boosting 等。这些分类法使用分类算法确定分类模型，此模型能很好地拟合输入数据中类标号和属性集之间的联系。分类算法得到的分类模型不仅能拟合输入数据，同时能正确预测未知样本的类标号。

分类算法是解决分类问题的方法，是数据挖掘、机器学习和模式识别中一个重要的研究领域。解决分类问题的一般方法如下。

第一步，建立一个模型。这需要有一个训练样本数据集作为预先的数据集或概念集，通过分析属性/特征描述等构成的样本（也可以是实体等）建立模型，如图 2-1 所示。

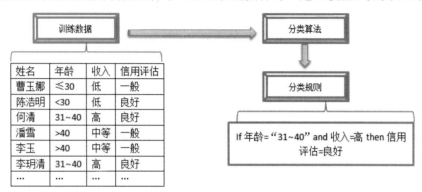

图 2-1　建立一个模型

用于建立模型的训练数据集由一组数据库记录或元组构成，而每个元组是一个由关键字段值（属性或特征）组成的特征向量。

每个训练样本都有一个预先定义的类别标记，它由一个被称为类标签的属性确定。可表示为 $\{X_1, \cdots, X_n, C\}$；其中 X_n 表示字段值，C 表示类别。因样本数据的类别标记是已知，从训练样本集中提取出分类规则，用于对其他标号未知对象进行类标识。因此，分类又被称为有监督的学习。

第二步，应用所建立的模型对测试数据进行分类，如图 2-2 所示。

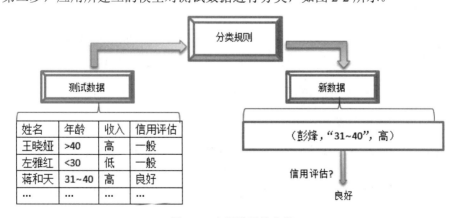

图 2-2　应用模型的分类

分类模型的性能根据模型正确和错误预测的检验记录计数进行评估。分类模型的性能可以用准确率和错误率来表示。例如：

$$准确率 = \frac{正确预测数}{预测总数};$$

$$错误率 = \frac{错误预测数}{预测总数}。$$

2.1.3 分类模型的过拟合

分类模型的误差可分两类：训练误差和泛化误差。其中，训练误差又称再代入误差，是模型在训练数据集上的错误分类样本比例；泛化误差是模型在未知数据集的期望误差。所谓模型过拟合，是指模型的训练数据拟合度过高，其泛化误差可能比具有较高训练误差的模型高。具备较高训练数据拟合度的同时，能对未知样本数据准确分类的分类模型就是一个好模型。模型过拟合通常分为两种情况：噪声导致的过拟合、缺乏代表性样本导致的过拟合。

过拟合就是模型训练过程中过度拟合训练集，将训练样本中的噪声（错误的样本）学习进去，使得训练误差不断降低和模型复杂度不断提高，最终导致泛化误差升高的一种现象。在分类算法尤其是决策树中容易出现过拟合的问题，通过以下途径可以避免过度拟合。

（1）使用大量的数据。导致过拟合的根本原因是训练集和测试集的特征存在较大差异，导致原本完美拟合的模型无法对测试集产生较好的效果；通过使用大量的数据集，可能会增加训练集和测试集的特征相似性，这样会使模型的泛化性能较好。

（2）降维。通过减少维度选择或转换的方式，降低参与分类模型的维度数量，能有效地防止原有数据集中的"噪声"对模型的影响，从而达到避免过拟合的目的。

（3）正则化。正则化通过定义不同特征的参数来保证每个特征有一定的效用，不会使某一特征特别重要。

（4）使用组合方法。例如，随机森林、adaboost 不容易产生过拟合的问题。

2.2 决策树

决策树是一种简单而广泛使用的分类技术。基于决策树的分类方法也是最为典型的分类方法，是从实例集中构造决策树，再根据训练子集形成决策树[2]。

2.2.1 决策树的工作原理及构建

1. 决策树的工作原理

决策树的工作原理：通过提出一系列精心构思的关于检验记录属性的问题，解决分类问题。当一个问题得到答案，后续问题就随之而来，直到得到记录的类标号。这一系列的问题及可能的答案就构成决策树的形式。决策树是一种由节点和有向边构成的层次结构。分类问题的决策树，树中包含以下 3 种节点。

- ❑ 根节点：就是树的最顶端，最开始的那个节点。
- ❑ 内部节点：就是树中间的那些节点。
- ❑ 叶节点：就是树最底部的节点，也就是决策结果。

例如，对脊椎动物的分类只考虑两个类别：哺乳类动物和非哺乳类动物。如图 2-3 所示，假设发现一个新物种，怎么判断是哺乳类动物还是非哺乳类动物呢？此时，提出一系列有关物种特征的问题：新物种是冷血动物还是恒温动物？若是冷血，则它不是哺乳动物，反之可能是某种鸟或某种哺乳动物；若是恒温的，新物种是由雌性胎生繁殖吗？答案若为是，则可以肯定是哺乳动物。

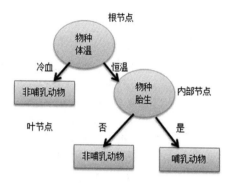

图 2-3　分类问题决策

决策树形成后，对检验记录进行分类就容易了。从树的根节点开始，将测试条件用于检验记录，根据测试结果选择适当的分支。沿着该分支或者到达另一个内部节点，使用新的测试条件，或者到达一个叶节点。到达叶节点之后，叶节点的类称号就被赋值给该检验记录了。

2．如何建立决策树

理论上在给定的属性集中，构造决策树的数目为指数级，尽管最优决策树会比其他决策树更准确，因搜索空间是指数规模的，找出最优决策树在计算上基本很难完成。因此需要开发一些有效的算法，在合理的时间内建立具有一定准确率的次最优决策树。这些算法通常都采用贪心策略，在选择划分数据的属性时，采取一系列局部最优决策建立决策树，Hunt 就是一种这样的算法。Hunt 算法是许多决策树算法的基础，包括 ID3、C4.5 和 CART。它们将分类领域从类别属性扩展到数值型属性。

2.2.2　决策树归纳算法

1．算法原理

算法 2.1 给出了称作 TreeGrowth 的决策树归纳算法的框架。该算法的输入是训练记录集 E 和属性集 F。算法递归地选择最优的属性来划分数据（步骤 7），并扩展树的叶节点（步骤 11 和步骤 12），直到满足结束条件（步骤 1）。

（1）函数 createdNode()为决策树建立新节点。决策树的节点可以是一个测试条件，记作 node.test_cond，也可以是一个类标号，记作 node.label。

（2）函数 find_best_split()确定应当选择哪个属性作为划分训练记录的测试条件。

（3）函数 Classify()为叶节点确定类标号。

（4）函数 stopping_cond()通过检查是否所有的记录都属于同一个类，或者都具有相同的属性值，决定是否终止决策树的增长。终止递归函数的另一种方法是，检测记录是否小于某个最小阈值。

算法 2.1　决策树归纳算法的框架

```
TreeGrowth(E,F)
1: if stopping_cond(E,F)=true then
2:     leaf=createNode()
3:     leaf.label=Classify(E)
```

```
4:    return leaf
5: else
6:    root=createNode()
7:    root.test_cond=find_best_split(E,F)
8:    令 V={v|v 是 root.test_cond 的一个可能的输出}
9:  for 每个 v∈V do
10:    Ev={e|root.test_cond(e)=v 并且 e∈E}
11:    child=TreeGrowth(Ev,F)
12:    将 child 作为 root 的派生节点添加到树中，并将边（root→child）标记为 v
13:   end for
14: end if
15: return root
```

在建立决策树的过程中，容易出现决策树太大的现象，即过拟合现象，这就需要对决策树剪枝，以减小决策树的规模。修剪初始决策树的分支有助于提高决策树的泛化能力。

2．决策树归纳的学习算法须解决的两个问题

（1）训练记录的分裂。决策树增长过程中每步都要选择一个属性测试条件，将记录划分成较小的子集。算法则是为不同类型的属性指定测试条件提供方法，并且提供评估每种测试条件的客观度量。

（2）停止分裂过程。任何决策树都要有结束条件，以终止决策树的无限生长过程。一个可能的策略是分裂节点，直到所有的记录都属于同一个类，或者所有的记录都具有相同的属性值。尽管两个结束条件对于结束决策树归纳算法都是充分的，也可以使用其他算法合理地终止决策树的生长过程。

3．决策树归纳的特点

（1）决策树归纳无须假设类和其他属性服从某一概率分布，即是一种构建分类模型的非参数方法。

（2）找到最佳的决策树，即决策树获得的不是全局最优，而是每个节点的局部最优决策。

（3）建立决策树后，未知样本分类很快，而已开发构建的决策树技术的计算成本不高，即使训练集很大，也能快速建立模型。

（4）决策树相对其他分类算法更简便。特别是小型决策树的准确率较高。

（5）决策树算法对于噪声干扰有较强的抗干扰性，在运用此算法时注意避免过拟合后抗干扰性更强。

（6）冗余属性不会对决策树的准确率造成不利的影响。

（7）大多数决策树算法都采用"自顶向下"的递归划分方法，因此沿着决策树向下，记录会越来越少。解决该问题的一种可行的方法是，当样本数小于某个特定阈值时停止分裂。

2.2.3　处理决策树中的过拟合

下面介绍两种决策树归纳上避免过拟合的策略。

（1）先剪枝（提前终止）：决策树增长算法在产生完全拟合整个训练数据集的完全增长的决策树之前就停止决策树的生长，这就需要采用更具限制性的结束条件。例如，当估计的泛化误差的改进低于某个确定的阈值时，就停止扩展叶节点，其优点在于避免产生过拟合训练数据的过于复杂的子树。提前终止过程中，选取正确阈值的难度很大。若阈值太高，将产生拟合不足的模型；若阈值太低，就不能充分地解决过拟合的问题。

（2）后剪枝（过程修剪）：初始决策树按照最大规模生长，再剪枝。按照由下向上的方式修剪完全增长的决策树。修剪有两种做法：第一种，用新的叶节点替换子树，该叶节点的类标号由子树下记录中的多数类确定；第二种，用子树中最常使用的分支代替子树。当模型不能再改进时终止剪枝步骤。

与先剪枝相比，后剪枝能获得更好的结果，后剪枝是根据完全增长的决策树做出的剪枝决策，先剪枝则可能过早终止决策树的生长。当然，运用后剪枝时会浪费之前完全增长决策树的部分计算。

2.3　贝叶斯决策与分类器

2.2 节介绍了决策树归纳这种简单有效的分类技术，本节将讲解构建分类模型的其他技术——最简单的基于规则的分类器。

2.3.1　规则分类器

基于规则的分类器是使用一组"if…then…"规则来对记录进行分类的技术。表 2-1 所列的例子中给出脊椎动物分类问题基于规则的分类器产生的一个模型。此模型的规则用析取范式 $R=(r_1 \vee r_2 \vee \cdots \vee r_k)$ 表示，其中 R 称作规则集，而 r_i 是分类规则或析取项。

表 2-1　脊椎动物分类问题的规则集举例

r_1：（胎生=否）$\wedge$（飞行动物=是）→ 鸟类
r_2：（胎生=否）$\wedge$（水生动物=是）→ 鱼类
r_3：（胎生=是）$\wedge$（体温=恒温）→ 哺乳动物
r_4：（胎生=否）$\wedge$（飞行动物=否）→ 爬行类
r_5：（水生动物=半）→ 两栖类

每一个分类规则可以表示为

$$r_i:(条件_i) \rightarrow y_i$$

规则左边称为规则前件或前提。它是属性测试的合取：

$$条件_i = (A_1 \text{ op } v_1) \wedge (A_2 \text{ op } v_2) \cdots \wedge (A_k \text{ op } v_k)$$

其中，(A_j, v_j) 是属性名称和对应的值，op 是比较运算符 $\{=,\neq,<,>,\leqslant,\geqslant\}$。每一属性测

试(A_j,op v_j)称为一个合取项。

规则右边称为规则后件，包含预测类 y_i。

如果规则 r 的前件与记录 x 的属性匹配，则称 r 覆盖 x。当 r 覆盖给定的记录时，称 r 被触发。两种脊椎动物——鹦鹉和棕熊的属性如表 2-2 所示。

表 2-2 鹦鹉与棕熊

名　　称	体　　温	表皮覆盖	胎　　生	飞 行 动 物	有　　腿	冬　　眠
鹦鹉	恒温	羽毛	否	是	是	否
棕熊	恒温	软毛	是	否	是	是

r_1 覆盖第一种脊椎动物，因为鹦鹉的属性满足它的前件。r_1 不覆盖第二种脊椎动物。因为棕熊是胎生的且不能飞，不符合 r_1 的前件。

基于规则的分类器产生的规则集有以下两个重要性质。

（1）互斥规则。如果规则集中不存在两条规则被同一条记录触发的情况，则称规则集中的规则是互斥的。

（2）穷举规则。如果对属性值的任一组合，规则集中都存在一条规则可以覆盖，则称规则集具有穷举覆盖。它确保每一条记录都至少被规则集里的一条规则覆盖。

2.3.2 贝叶斯定理在分类中的应用

本节介绍一种对属性集和类变量的概率关系建模的方法，例如，想通过一个人的饮食和锻炼的频率预测其是否有患心脏病的风险。

这里首先介绍贝叶斯定理，它是一种将类的先验知识和从数据中收集的新证据相结合的统计原理。

1. 贝叶斯定理

假设 X、Y 是一对随机变量，联合概率 $P(X=x, Y=y)$ 是指 X 取值 x 且 Y 取值 y 的概率，条件概率是指一随机变量在另一随机变量取值已知的情况下取某一特定值的概率。例如，条件概率 $P(Y=y|X=x)$ 是指在变量 X 取值 x 的情况下，变量 Y 取值 y 的概率。

2. 贝叶斯定理在分类中的应用

先从统计学的角度对分类问题进行形式化。设 X 表示属性集，Y 表示类变量。如果类变量和属性之间的关系不确定，那么可以将 X 和 Y 看成随机变量，用 $P(Y|X)$ 以概率的方式捕捉二者之间的关系，这个条件概率又称 Y 的后验概率，对应 $P(Y)$ 称为 Y 的先验概率。

在训练阶段，要根据从训练数据中收集的信息，对 X 和 Y 的每一种组合学习后验概率 $P(Y|X)$。知道这些概率后，通过找出使后验概率 $P(Y|X)$ 最大的类 Y 可以对测试记录 X 进行分类。例如用这种方法解决任务：预测一个贷款者是否会拖欠贷款，训练集的各项属性如表 2-3 所示。

表 2-3 训练集

序　　号	二元变量	分类变量	连续变量	类变量
	有　房	婚姻状况	年收入	拖欠贷款
1	是	已婚	135 k	否
2	否	已婚	100 k	否
3	否	单身	70 k	否
4	是	已婚	120 k	否
5	否	离异	95 k	是
6	否	已婚	60 k	否
7	是	离异	225 k	否

假设给定一组测试记录有如下属性集：X=(有房=否∧婚姻状况=已婚∧年收入=120k)。要分类该记录，需要利用训练数据中的可用信息计算后验概率 $P(\text{Yes}|X)$ 和 $P(\text{No}|X)$。如果 $P(\text{Yes}|X)>P(\text{No}|X)$，那么记录分类为 Yes，反之，分类为 No。

准确估计类标号和属性值的每一种可能组合的后验概率非常困难，因为即便属性数目不是很大，仍然需要很大的训练集。此时，贝叶斯定理可以用先验概率 $P(Y)$、类条件概率 $P(X|Y)$ 和证据 $P(X)$ 来表示后验概率：

$$P(Y|X) = \frac{P(X|Y)P(Y)}{P(X)}$$ （2-1）

在比较不同 Y 值的后验概率时，分母 $P(X)$ 总是常数，可以忽略。先验概率 $P(Y)$ 可以通过计算训练集中属于每个类的训练记录所占的比例很容易地估计。对类条件概率 $P(X|Y)$ 的估计，可以用朴素贝叶斯分类器和贝叶斯信念网络两种贝叶斯分类方法实现。

2.3.3 朴素贝叶斯在分类中的应用

1. 条件独立

在研究朴素贝叶斯分类法如何工作之前，先介绍条件独立的概念。

引例：研究一个人的手臂长短与其阅读能力之间的关系。可能发现，手臂较长的人阅读能力较强，而这种关系可能就是年龄。小孩的手臂比成人的手臂短，同时也不具备成人的阅读能力。若年龄一定，此时手臂长度与阅读能力之间的关系消失。从而可以得出，在年龄一定时，手臂长短和阅读能力两组条件独立。

设 X、Y 和 Z 表示 3 个随机变量的集合。给定 Z、X 条件独立于 Y，若

$$P(X|Y,Z) = P(X|Z)$$

则 X 和 Y 之间的条件独立可写为

$$P(X,Y|Z)=P(X|Z) \times P(Y|Z)$$ （2-2）

2. 朴素贝叶斯分类器

分类测试记录时，朴素贝叶斯分类器对每个类 Y 计算后验概率：

$$P(Y|X) = \frac{P(Y)\prod_{i=1}^{d}P(x_i|Y)}{P(X)}$$ （2-3）

朴素贝叶斯分类法使用以下两种方法估计连续属性的类条件概率。

（1）将每一个连续的属性离散化，然后用相应的离散区间替换连续属性值。

（2）假设连续变量服从某种概率记录，然后使用训练数据估计分布的参数。

方法（2）更实用，因为它不需要很大的训练集就能获得较好的概率估计。

3．朴素贝叶斯分类器的特征

（1）在面对孤立的噪声点时，朴素贝叶斯分类器的性能受到的影响不大。

（2）面对无关属性时，朴素贝叶斯分类器的性能受到的影响同样不大。

（3）相关属性会降低朴素贝叶斯分类器的性能。

2.4 支持向量机

要了解 SVM，首先要了解最大边缘超平面的概念以及选择它的基本原理。其次，了解在线性可分的数据上怎样训练一个线性的 SVM，从而明确地找到这种最大边缘超平面。最后，了解如何将 SVM 方法扩展到非线性可分的数据上。

2.4.1 最大边缘超平面

支持向量机（support vector machine，SVM）于 1995 年由 Cortes 和 Vapnik 首先提出。SVM 已是一种倍受关注的分类技术，在小样本、非线性、高维模式识别中具备特有的优势，并能够推广应用到函数拟合等其他机器学习问题中。SVM 已成为最主要的模式识别方法之一，它可以在高维空间构造良好的预测模型，在 OCR、语言识别、图像识别等领域广泛应用。SVM 以扎实的统计学理论为基础，并在许多实际应用（如手写数字的识别、文本分类等）中展示了大有可为的实践效果。此外，SVM 可以很好地应用于高维数据中，避免了维灾难问题。这种方法具有一个独特的特点，它使用训练实例的一个子集来表示决策边界，该子集称为支持向量（Support Vector）。

一个数据集包含两个不同类的样本，分别用小黑方块和小圆圈表示。数据集是线性可分的，即能找到一个超平面，使得所有小黑方块位于这个超平面的一侧，所有小圆圈在它的另一侧。如图 2-4 所示，可以看到这种超平面存在无穷多个。通过检验样本的运行效果，分类器要从这些超平面中选一个作为它的决策边界。

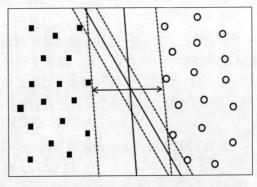

图 2-4 一个线性可分数据集可能决策边界

支持向量机方法是建立在统计学理论的 VC 维理论和结构风险（结构风险=经验风险+置信风险）最小原理基础上的。用有限样本信息在模型的复杂性和学习能力（无错误地识别任意样本的能力）之间寻求最佳折中，以期获得最好的推广能力（或称泛化能力）。

VC 维是对函数类的一种度量，可以理解为问题的复杂程度，VC 维越高，一个问题就越复杂。机器学习本质上就是一种对问题真实模型的逼近（选择一个认为比较好的近似模型，这个近似模型就称为一个假设），由于无法得知选择的假设与问题真实解之间究竟有多大差距，这个与问题真实解之间的误差，就称为风险。真实误差无从得知，但可以用某些可以掌握的量来逼近它，即使用分类器在样本数据上的分类的结果与真实结果（因为样本是已经标注过的数据，是准确的数据）之间的差值来表示，这个差值称为经验风险 $R_{epm}(W)$。传统的机器学习方法都把经验风险最小化作为努力的目标，但后来发现很多能够在样本集上达到 100% 的正确率的分类函数，实际分类的效果不能令人满意，说明仅仅满足经验风险最小化的分类函数推广能力差，或泛化能力差，因为相对于实际数据集，样本数是微乎其微的，经验风险最小化原则只在占很小比例的样本上做到没有误差，不能保证在更大比例的真实数据集上也没有误差。

统计学为此引入泛化误差界的概念，是指真实风险包括两部分内容：一是经验风险，代表分类器在给定样本上的误差；二是置信风险，代表在多大程度上可以信任分类器在未知数据上的分类结果。目前，第二部分是无法精确计算的，只能给出一个估计的区间。这也使得整个误差只能计算上界，而无法计算准确值（所以叫泛化误差界，而不叫泛化误差）。

置信风险与两个量有关，一是样本数量，给定的样本数量越大，学习结果越有可能正确，此时置信风险越小；二是分类函数的 VC 维，显然 VC 维越大，推广能力越差，置信风险会越大。

泛化误差界的公式为 $R(W){\leqslant}R_{epm}(W)+\phi(n/h)$，式中 $R(W)$ 是真实风险，$R_{epm}(W)$ 是经验风险，$\phi(n/h)$ 是置信风险。统计学习的目标从经验风险最小化变为了寻求经验风险与置信风险的和最小，即结构风险最小。SVM 恰恰是一种努力最小化结构风险的算法。下面从最为基本的线性分类器来具体介绍 SVM 算法的思想。

线性分类器通过一个超平面将数据分成两个类别，该超平面上的点满足 $w^{\mathrm{T}}x+b=0$。线性分类器利用这种方式将分类问题简化成确定 $w^{\mathrm{T}}x+b$ 的符号，其中 $w^{\mathrm{T}}x+b>0$ 为一类，$w^{\mathrm{T}}x+b<0$ 为另一类。线性分类器需要解决的基本问题就是寻找这样一个超平面，对于线性分类而言，能够准确将样本分开的超平面不是唯一的，如何确定一个最优的超平面？图 2-4 中箭头所示的超平面应该是最适合分开两类数据的超平面。"最适合"判定的标准是这个超平面截水平直线截得的线段最长。

SVM 最基本的任务就是在分开数据的超平面的两边建立两个互相平行的超平面。分隔超平面使两个平行超平面的距离最大化，平行超平面间的距离或差距越大，分类器的总误差越小。

分类的过程是一个机器学习的过程。该样本属于两个类，用该样本训练 SVM 得到最大间隔超平面。在超平面上的样本点也称为支持向量。

2.4.2 线性支持向量机 SVM

SVM 算法是在线性可分情况的最优分类超平面的基础上提出的。最优分类面是指要求分类超平面不但能将两类样本点无错误地分开，而且要使两类样本点的分类空隙最大[3]。

给定样本集 (x_i,y_i)，其中 $x_i\in\mathbf{R}_n$，$y_i\in\{-1,+1\}$，$i=1,2,\cdots,n$。该线性判别函数的一

般形式为

$$f(\boldsymbol{x}_i) = w_1 x_1 + w_2 x_2 + \cdots + w_n x_n + b = \boldsymbol{w}^{\mathrm{T}} \boldsymbol{x}_i + b \tag{2-4}$$

其中，特征向量 $\boldsymbol{x}_i = (x_1, \cdots, x_n)^{\mathrm{T}}$，权向量 $\boldsymbol{w} = (w_1, \cdots, w_n)^{\mathrm{T}}$，分类超平面方程 $\boldsymbol{w}^{\mathrm{T}} \boldsymbol{x} + b = 0$。通过将判别函数进行归一化，使两类所有样本都满足 $|f(\boldsymbol{x}_i)| \geqslant 1$，离分类超平面最近的样本的 $|f(\boldsymbol{x}_i)| = 1$，而要求分类超平面对所有样本都能正确分类，它要满足：

$$y_i(\boldsymbol{w}^{\mathrm{T}} \boldsymbol{x}_i + b) - 1 \geqslant 0, \quad i=1,2,\cdots,n \tag{2-5}$$

使式（2-5）中等号成立的那些样本称为支持向量。

在分类超平面方程 $\boldsymbol{w}^{\mathrm{T}} \boldsymbol{x} + b = 0$ 确定的情况下，"+1" 一侧的某一样本 $(\boldsymbol{x}_i, +1)$ 到超平面的偏离 Y_i 可以表示为 $Y_i = \dfrac{\boldsymbol{w}^{\mathrm{T}}}{\|\boldsymbol{w}\|} \boldsymbol{x}_i + \dfrac{b}{\|\boldsymbol{w}\|}$。相应的 "-1" 一侧的某一样本 $(\boldsymbol{x}_i, -1)$ 到超平面的距离 Y_i 可以表示为 $Y_i = -\left\{ \dfrac{\boldsymbol{w}^{\mathrm{T}}}{\|\boldsymbol{w}\|} \boldsymbol{x}_i + \dfrac{b}{\|\boldsymbol{w}\|} \right\}$。对于任意一个样本 $(\boldsymbol{x}_i, y_i)$ 到超平面的距离是

$Y_i = y_i \left\{ \dfrac{\boldsymbol{w}^{\mathrm{T}}}{\|\boldsymbol{w}\|} \boldsymbol{x}_i + \dfrac{b}{\|\boldsymbol{w}\|} \right\}$，$y_i \in \{-1, +1\}$。

由于支持向量 $|f(\boldsymbol{x}_i)| = 1$，两类样本的分类空隙间隔的大小为

$$\text{Margin} = \frac{2}{\|\boldsymbol{w}\|} \tag{2-6}$$

因此，最优分类超平面问题可以表示为条件（2-5）约束下求取 $\max \dfrac{1}{\|\boldsymbol{w}\|}$ 的约束优化问题。

由于求 $\max \dfrac{1}{\|\boldsymbol{w}\|}$ 相当于求 $\min \dfrac{1}{2} \|\boldsymbol{w}\|^2$，因此最优问题表示为条件（2-5）约束下求目标函数 $\varphi(\boldsymbol{w})$ 的最小值。

$$\varphi(\boldsymbol{w}) = \frac{1}{2} \|\boldsymbol{w}\|^2 = \frac{1}{2} \|\boldsymbol{w}^{\mathrm{T}} \cdot \boldsymbol{w}\| \tag{2-7}$$

目标函数是二次的，约束条件是线性的，这就成了一个凸二次规划问题。此时，定义 Lagrange 函数（通过拉格朗日函数将约束条件融合到目标函数中，只用一个函数表达式便能清楚地表达出问题）：

$$L(\boldsymbol{w}, b, \boldsymbol{a}) = \frac{1}{2} (\boldsymbol{w}^{\mathrm{T}} \boldsymbol{w}) - \sum_{i=1}^{n} \alpha_i \left[y_i (\boldsymbol{w}^{\mathrm{T}} \boldsymbol{x}_i + b) - 1 \right] \tag{2-8}$$

其中，$\boldsymbol{a} = (a_1, \cdots, a_n)^{\mathrm{T}}$，$a_i \geqslant 0$，$i=1,\cdots,n$ 为 Lagrange 系数向量，对 $\boldsymbol{w}$ 和 b 求 Lagrange 函数的最小值。将式（2-8）分别对 $\boldsymbol{w}$、b、a_i 求偏微分并令它们等于 0，得

$$\begin{cases} \dfrac{\partial L}{\partial \boldsymbol{w}} = 0 \rightarrow \boldsymbol{w} = \sum_{i=1}^{n} \alpha_i y_i \boldsymbol{x}_i, \\[3mm] \dfrac{\partial L}{\partial b} = 0 \rightarrow \sum_{i=1}^{n} \alpha_i y_i = 0, \\[3mm] \dfrac{\partial L}{\partial \alpha_i} = 0 \rightarrow \alpha_i \left[y_i (\boldsymbol{w}^{\mathrm{T}} \boldsymbol{x}_i + b) - 1 \right] = 0 \end{cases}$$

以上 3 式加上原约束条件，可以将原问题转换为凸二次规划的对偶问题：

$$\begin{cases} \max \sum_{i=1}^{n}\alpha_i - \dfrac{1}{2}\sum_{i=1}^{n}\sum_{j=1}^{n}\boldsymbol{a}_i\boldsymbol{a}_j y_i y_j (\boldsymbol{x}_i^{\mathrm{T}}\boldsymbol{x}_j), \\ \text{s.t} \quad \boldsymbol{a}_i \geqslant 0, i=1,\cdots,n, \\ \sum_{i=1}^{n}\boldsymbol{a}_i y_i = 0_{\circ} \end{cases}$$

这是一个不等式约束下二次函数机制问题，存在唯一最优解。若 $\boldsymbol{a}_i^{*}$ 为最优解，则

$$\boldsymbol{w}^{*} = \sum_{i=1}^{n}\boldsymbol{a}_i^{*} y_i \boldsymbol{x}_i \tag{2-9}$$

$\boldsymbol{a}_i^{*}$ 不为零的样本即为支持向量，最优分类面的权系数向量是支持向量的线性组合。b^{*} 可由约束条件 $\boldsymbol{a}_i[y_j(\boldsymbol{w}^{\mathrm{T}}\boldsymbol{x}_i + b)-1]=0$ 求解，得到最优分类函数是

$$f(x) = \mathrm{sgn}\big((\boldsymbol{w}^{*})^{\mathrm{T}}x + b^{*}\big) = \mathrm{sgn}\left(\sum_{i=1}^{n}\boldsymbol{a}_i^{*} y_i \boldsymbol{x}_i x + b^{*}\right) \tag{2-10}$$

其中，sgn() 为符号函数。

当用一个超平面不能将两类样本点完全分开时（只有少数点被错分，或者存在噪声点且离超平面很近），可以引入松弛变量 $\xi_i(\xi_i \geqslant 0, i=1,\cdots,n)$，使超平面 $\boldsymbol{w}^{\mathrm{T}}\boldsymbol{x} + b = 0$ 满足

$$y_i\big(\boldsymbol{w}^{\mathrm{T}}\boldsymbol{x}_i + b\big) \geqslant 1 - \xi_i, \quad i=1,2,\cdots,n \tag{2-11}$$

当 $0 < \xi_i < 1$ 时，样本点 x_i 正确分类，但当 $\xi_i \geqslant 0$ 时，样本点 x_j 被错分。为此，引入目标函数：

$$\psi(w,\xi) = \frac{1}{2}w^{\mathrm{T}}w + C\sum_{i=1}^{n}\xi_i ; \tag{2-12}$$

$$\begin{cases} \max \sum_{i=1}^{n}\alpha_i - \dfrac{1}{2}\sum_{i=1}^{n}\sum_{j=1}^{n}\alpha_i\alpha_j y_i y_j \big(x_i^{\mathrm{T}}x_j\big), \\ \text{s.t} \quad 0 \leqslant \alpha_i \leqslant C, i=1,\cdots,n, \\ \sum_{i=1}^{n}\alpha_i y_i = 0_{\circ} \end{cases} \tag{2-13}$$

2.4.3 非线性支持向量机 SVM

本节讲解将 SVM 应用到具有非线性决策边界数据集上的方法。方法的关键在于将数据从原坐标空间 x 变换到一个新坐标空间 $\phi(x)$ 中，然后在新坐标空间中使用一个线性的决策边界划分样本。

1. 属性变换

观察图 2-5（a）中的二维数据集，包含小黑方块（类标号 $y=1$）和小圆圈（类标号 $y=-1$）。数据集生成方式：所有小圆圈都聚集在图的中心附近，所有小黑方块都分布在离中心较远的区域。用下面的公式对数据集实例分类。

$$y(x_1,x_2)=\begin{cases}1,\sqrt{(x_1-0.5)^2+(x_2-0.5)^2}>0.2,\\-1,\sqrt{(x_1-0.5)^2+(x_2-0.5)^2}\leqslant0.2。\end{cases}$$

所以，数据集决策边界表示为

$$\sqrt{(x_1-0.5)^2+(x_2-0.5)^2}=0.2。$$

化简得

$$x_1^2-x_1+x_2^2-x_2=-0.46。$$

进行非线性变换 ϕ，将数据从原特征空间映射到一个新特征空间，决策边界在这个空间下成为线性的。例如，对于之前给定的数据，分别以 $x_1^2-x_1$ 和 $x_2^2-x_2$ 为坐标绘图。图 2-5（b）显示在变换后的空间中，所有小圆圈都位于图左下方的区域，从而构建一个线性的决策边界将数据划分到各自所属类中。

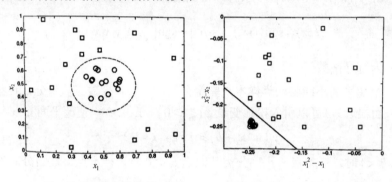

（a）原二维空间中的决策边界　　　（b）变换后空间中的决策边界

图 2-5　交换前/后空间中的决策边界

不过，此方法存在的一个潜在问题：处理高维数据时可能产生高维灾难。

2．非线性支持向量机

属性变换方法在使用过程中存在一些实际的困难，如难以确定使用什么类型的映射函数能确保在变换后空间构建线性决策边界等问题。

假定存在一个合适的函数 $\phi(x)$ 来变换给定的数据集。在变换后的空间中，线性决策边界为

$$w\cdot\phi(x)+b=0。$$

非线性 SVM 的任务可以表达为以下优化问题。

$$\begin{cases}\min\dfrac{\|w\|^2}{2},\\ 受限于 \ y_i(w\phi(x_i)+b)\geqslant1,i=1,2,\cdots,n。\end{cases}$$

3．核函数

若在原始空间中的简单超平面不能得到满意的分类效果，则必须以复杂的超曲面（见图 2-6）作为分界面，SVM 算法是如何求得一个复杂超曲面的呢？

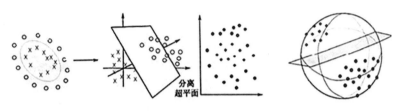

图 2-6 超曲面

首先，通过非线性变换 $\phi(x):X \to \varPsi$ 将输入空间变换到一个高维空间，在这个新空间中求取最优线性分类面，这种非线性变换是通过定义适当的核函数（内积函数）实现的，令

$$K(x_i x_j) = <\phi(x_i)\phi(x_j)> \text{。} \tag{2-14}$$

用核函数 $K(x_i, x_j)$ 代替最优分类平面中的点积 $x_i^\mathrm{T} x_j$，就相当于将原特征空间变换到了某一新的特征空间，此时优化函数变为

$$Q(\alpha)\sum_{i=1}^{n} \alpha_i - \frac{1}{2}\sum_{i=1}^{n}\sum_{j=1}^{n} \alpha_i \alpha_j y_i y_j \left(x_i^\mathrm{T} x_j\right) \text{。} \tag{2-15}$$

而相应的判别函数式则为

$$f(x) = \mathrm{sgn}\left((w^*)^\mathrm{T}\phi(x) + b^*\right) = \mathrm{sgn}\left(\sum_{i=1}^{n} \alpha_i^* y_i K(x_i, x) + b^*\right) \text{。} \tag{2-16}$$

其中，x_i 为支持向量，x 为未知向量，式（2-16）就是 SVM，在分类函数形式上类似于一个神经网络，被称为支持向量网络，其输出是若干中间层节点的线性组合，而每一个中间层节点对应输入样本与一个支持向量的内积，如图 2-7 所示，其输出与输入的关系为

$$y = \mathrm{sgn}\left\{\sum_{i=1}^{n} \alpha_i y_i K(x_i, x) + b\right\} \text{。}$$

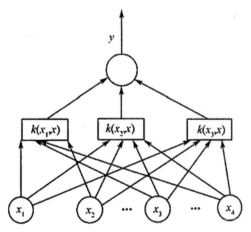

图 2-7 支持向量网络预测未知样本内部示意图

由于最终的判别函数中实际包含了未知向量与支持向量的内积的线性组合，所以识别时的计算复杂度取决于支持向量的个数。核函数有助于解决实现非线性 SVM 过程中遇到的一些问题。

目前常用的核函数形式主要有以下 3 类，它们都与已有的算法有对应关系。

（1）多项式形式的核函数：$K(x_i, x_j) = (<x_i, x_j> + 1)^q$，$<x_i, x_j> = x_j^T x_i$，对应 SVM 是一个 q 阶多项式分类器。

（2）高斯核函数，即 $K(x_i, x_j) = e^{\frac{\|x_i - x_j\|^2}{2\sigma^2}}$，对应 SVM 是一种高斯分类器。

（3）S 形核函数，如 $K(x_i, x_j) = \tan(h(v(x_j^T x_i) + c))$，若采用 S 形核函数，则 SVM 实现一个两层的感知器神经网络，只是在这里网络的权值和网络的隐层节点数目都是由算法自动确定的。

4．支持向量机的一般特征

（1）SVM 学习问题可表示为凸优化问题，利用已知的有效算法发现目标函数的全局最小值。

（2）SVM 通过最大化决策边界的边缘控制模型的能力。

（3）通过对数据中每个分类属性值引入一个哑变量，SVM 可应用于分类数据。

5．使用 Spark 实现 SVM 的训练

（1）添加临时 JAVA_HOME 环境变量。

手动或者使用"一键搭建 Spark"功能构筑 Spark 环境。登录 slave1 机，添加临时 JAVA_HOME 环境变量。

```
[root@slave1 ~]# export JAVA_HOME=/usr/local/jdk1.8.0_16115:
```

单击"一键搭建"按钮等待搭建完成，通过 jps 命令验证 Spark 已启动。

（2）上传训练数据集。

查看 HDFS 里是否已存在目录"/35/in"。若不存在，使用下述命令新建该目录。

```
[root@slave1 ~]# /usr/cstor/hadoop/bin/hdfs dfs -mkdir -p /35/in
```

使用下述命令将 slave1 机本地文件"/root/data/35/sample_libsvm_data.txt"上传至 HDFS 的"/35/in"目录。

```
[root@slave1~]#/usr/cstor/hadoop/bin/hdfsdfs-put/root/data/35/sample_libsvm_data.txt /35/in
```

确认 HDFS 上已经存在文件 sample_libsvm_data.txt。从 slave1 上传训练数据集文件至 HDFS 的/35/in 目录中。

（3）训练 SVM 模型。

准备好输入文件后，下一步便是在 Spark 集群上执行 SVM 程序（处理该数据集）。下面的处理代码参考自 http://spark.apache.org/docs/latest/mllib-linear-methods.html，操作命令主要在 master 机上完成。

在 slave1 机上使用下述命令，进入 Spark Shell 接口。

```
[root@slave1~]#/usr/cstor/spark/bin/spark-shell--master
spark://master:7077
```

进入 Spark Shell 命令行执行环境后依次输入下述代码，即完成模型训练。

```scala
import org.apache.spark.mllib.classification.{SVMModel, SVMWithSGD}
import org.apache.spark.mllib.evaluation.BinaryClassificationMetrics
import org.apache.spark.mllib.util.MLUtils
// Load training data in LIBSVM format.
val data = MLUtils.loadLibSVMFile(sc, "/35/in/sample_libsvm_data.txt")
// Split data into training (60%) and test (40%).
val splits = data.randomSplit(Array(0.6, 0.4), seed = 11L)
val training = splits(0).cache()
val test = splits(1)
// Run training algorithm to build the model
val numIterations = 100
val model = SVMWithSGD.train(training, numIterations)
// Clear the default threshold.
model.clearThreshold()
// Compute raw scores on the test set.
val scoreAndLabels = test.map { point =>
  val score = model.predict(point.features)
  (score, point.label)
}
// Get evaluation metrics.
val metrics = new BinaryClassificationMetrics(scoreAndLabels)
val auROC = metrics.areaUnderROC()
println("Area under ROC = " + auROC)
// Save and load model
model.save(sc, "/35/in/scalaSVMWithSGDModel")
val sameModel = SVMModel.load(sc, "/35/in/scalaSVMWithSGDModel")
```

在 slave1 上进入 Spark-Shell 命令行环境，输入 SVM 模型训练的 scala 代码，查看结果。

2.5 分类在实际场景中的应用案例

2.5.1 在关键字检索中的应用

在对学术信息进行检索时，发现常用的学术搜索引擎在检索方式上，基本上都是对全文的关键字进行检索，但是网页中的大部分关键字并不是文章的主题关键字，所以检索结果中就会出现很多与检索关键字相关度不高的结果，并且在学术搜索引擎中，学术网站的分类大多数都是粗略、非专业的分类，并不能给予用户很好的指导作用，这些都会大大地降低用户的使用体验。为了解决上述问题，可以设计一个基于中图法分类的学术文献搜索引擎。在网页学术性判定方面，运用基于贝叶斯算法的网页学术性判断算法，通过对网页内容、格式、结构 3 个维度的分析，完成网页学术性的判定；在分类方面，以中图法的分类大纲作为分类目录，运用基于改进空间向量模型的学术网页分类算法，通过利用网页主题关键字构建网页向量空间，最后实现网页的正确分类。通过两个关键算法，在系统的网页主题中提取部分，采用 Html Parser 技术与正则表达式相结合的网页主题提取算法，实现对抓取的网页主题内容的获取。分词部分使用的是基于正向最大匹配算法。最后对抓取的网页链接建立有效的索引，使用了开源的 Lucene 技术，利用 Lucene 构建高效的索引库以满足用户查询功能。结合以上技术，实现了一个分类学术文献搜索引擎。

2.5.2　在甄别欺诈行为中的应用

在信息、网络全球化的环境下，全球金融行业正经历着一场巨大变革。在方便地享受网上银行、手机银行、微信银行等各类便捷的金融交易服务时，欺诈也伴随着新漏洞而来。由于网络钓鱼、木马病毒、电话诈骗、伪造信用卡等案件的频发，新金融交易方式的安全备受关注。中国工商银行建立了基于大数据技术金融交易反欺诈系统，针对欺诈的不同场景，给系统采取不同的分析维度，在海量的基础数据池中，通过对客户、产品、商户、渠道等多维度数据的分析，提炼出近 1000 个指标、3000 多个特征量。让金融交易行为的流程数据化，构建智能模型，为精准打击欺诈交易奠定基础。从每个客户历史交易的行为数据中提炼 3000 多个风险特征，结合运用决策树、支持向量机、逻辑回归、神经网络等方法，构建出不同的欺诈识别模型、识别最新欺诈模型，如图 2-8 所示。

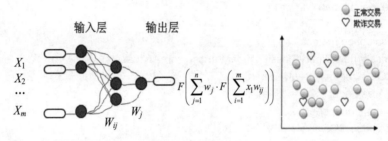

图 2-8　反欺诈模型

2013 年 12 月 5 日，某客户的万事达卡在短短 15 分钟内，在美国沃尔玛超市内发生非密码验证的 POS 机刷卡交易 14 笔，累计交易金额 10 250 美元。交易金额大、交易频繁等特征与客户日常行为习惯不符，14 笔交易均被系统拦截，后经核实发现这 14 笔交易是嫌疑人盗刷，不是客户本人消费。

2.5.3　在在线广告推荐中的应用

互联网的出现和普及给用户带来了大量信息，满足了用户在信息时代对信息的需求。但网上信息量的大幅增长，使得用户在面对大量信息时无法以简单的方式获得对自己真正有用的信息，信息使用效率反而降低了，这就是所谓的"信息超载"。无论是信息消费者还是信息生产者都遇到了很大的挑战：作为信息消费者，从海量信息中找到对自己有价值的信息是一件非常困难的事情；作为信息生产者，让自己生产的信息脱颖而出，受到有需求用户的关注，也是一件非常困难的事情。为了解决信息过载的问题，科学家和工程师们提出了各种解决方案，具有代表性的解决方案是分类目录和搜索引擎。其中，分类目录将著名的网站分门别类，从而方便用户根据类别查找网站。但是随着互联网无框的不断扩大，分类目录网站只能覆盖少量的热门网站，无法满足用户的需求；搜索引擎提供给用户通过搜索关键词来寻找信息的方式，当用户无法找到准确描述自己需求的关键词时，搜索引擎也不能解决用户的需求。推荐系统是解决这一问题的重要工具。

推荐系统具有用户需求驱动、主动服务和信息个性化程度高等优点，可有效地解决信息过载问题。它研究并大量借鉴了认知科学、近似理论、信息检索、预测理论、管理科学及市场建模等多个领域的知识，且已经成为数据挖掘、机器学习和人机接口领域的热门研究方向。目前，已经在电子商务、在线学习和数字图书馆等领域得到了广泛应用，已成为公认的最有前途的信息个性化技术发展方向。

推荐系统是一种智能个性化信息服务系统，可借助用户建模技术对用户的长期信息需求进行描述，并根据用户模型通过一定的智能推荐策略实现有针对性的个性化信息定制，能够依据用户的历史兴趣偏好，主动为用户提供符合其需求和兴趣的信息资源。

推荐系统的工作原理与一般信息过滤系统比较类似，是一种特殊形式的信息过滤系统，如图 2-9 所示，主要由信息处理部件、推荐算法部件、用户建模部件、用户模型、信息表示模型和信息资料库 6 个主要部分构成。按照工作形式，推荐系统可以分为两种：一种是独立的信息服务系统；另一种是宿主信息服务系统的推荐子系统——辅助信息、服务系统。

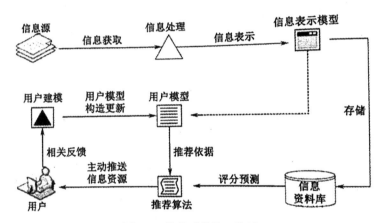

图 2-9　推荐系统的工作原理

推荐系统利用推荐算法将用户和物品联系起来，能够在信息过载的环境中帮助用户发现令他们感兴趣的信息，也能将信息推送给对它们感兴趣的用户。

互联网公司盈利的主要模式是基于广告的，如果采用随机投放方式，即每次用户来了，随机选择一个广告投放给他，就会出现化妆品广告投放给男性的现象，这种投放效率极低。广告定向投放则需要依赖用户的行为数据，通过分析大量已有用户行为数据，给不同用户提供不同的广告页面。

根据已有用户注册信息和购买信息，使用朴素贝叶斯分类预测一个新注册用户购买计算机的可能性，从而决定是否向该用户推荐计算机类广告。训练样本如表 2-4 表示。

表 2-4　训练样本

序号 ID	年龄 Age（岁）	收入等级 Income-level	是否学生 student	信用等级 Credit rate	类别：是否购买计算机 Class:buy computer
1	30 以下	高	否	良	否
2	30 以下	高	否	优	否
3	31～40	高	否	良	是
4	40 以上	中	否	良	是

续表

序号 ID	年龄 Age（岁）	收入等级 Income-level	是否学生 student	信用等级 Credit rate	类别：是否购买计算机 Class:buy computer
5	40 以上	低	是	良	是
6	40 以上	低	是	优	否
7	31~40	低	是	优	是
8	30 以下	中	否	良	否
9	30 以下	低	是	良	是
10	40 以上	中	是	良	是
11	30 以下	中	是	优	是
12	31~40	中	否	优	是
13	31~40	高	是	良	是
14	40 以上	中	否	优	否

数据样本用属性"年龄""收入等级""是否学生""信用等级"描述，类别属性"是否购买计算机"取值为"是""否"两种，类 C_y 对应取值为"是"，类 C_n 对应取值为"否"。

每个类的先验概率可根据训练样本计算：

$$P(C_y)=\frac{9}{14}=0.643,\ P(C_n)=\frac{5}{14}=0.357。$$

计算条件概率：

$P(\text{"30 以下"}|C_y)=2/9=0.222$，$P(\text{"30 以下"}|C_n)=3/5=0.6$，

$P(\text{"31~40"}|C_y)=4/9=0.444$，$P(\text{"31~40"}|C_n)=0/5=0$，

$P(\text{"40 以上"}|C_y)=3/9=0.333$，$P(\text{"40 以上"}|C_n)=2/5=0.4$，

$P(\text{"收入=高"}|C_y)=2/9=0.222$，$P(\text{"收入=高"}|C_n)=2/5=0.4$，

$P(\text{"收入=中"}|C_y)=4/9=0.444$，$P(\text{"收入=中"}|C_n)=2/5=0.4$，

$P(\text{"收入=低"}|C_y)=3/9=0.333$，$P(\text{"收入=低"}|C_n)=1/5=0.2$，

$P(\text{"是否学生=是"}|C_y)=6/9=0.667$，$P(\text{"是否学生=是"}|C_n)=1/5=0.2$，

$P(\text{"是否学生=否"}|C_y)=3/9=0.333$，$P(\text{"是否学生=否"}|C_n)=4/5=0.8$，

$P(\text{"信用等级=良"}|C_y)=6/9=0.667$，$P(\text{"信用等级=良"}|C_n)=2/5=0.4$，

$P(\text{"信用等级=优"}/C_y)=3/9=0.333$，$P(\text{"信用等级=优"}|C_n)=3/5=0.6$。

对于新注册用户 X("30 以下","收入=中","是否学生=是","信用等级=良")，对该类样本进行分类，需要计算 $P(X|C_i)P(C_i)$，$i=y,n$ 的最大值。利用以上训练样本所得先验概率和条件概率，可以得到

$$P(X|C_y)P(C_y)=0.222\times0.444\times0.667\times0.667\times0.643=0.028，$$

$$P(X|C_n)P(C_n)=0.6\times0.4\times0.2\times0.4\times0.357=0.007。$$

因为 $P(X|C_y)P(C_y)>P(X|C_n)P(C_n)$，所以对于样本 X("30 以下","收入=中","是否学生=是","信用等级=良")，朴素贝叶斯分类为 C_y，可以向该用户定向投放计算机广告。

2.5.4 在 Web 机器人检测中的应用

Web 使用挖掘就是利用数据挖掘技术从 Web 访问日志中提取有用的模式，这些模

式能够揭示站点访问者的一些有趣特性。例如，一个人频繁地访问某个 Web 站点，并打开介绍同一产品的网页，如果商家提供一些打折或免费运输的优惠，这个人很可能会购买这种商品。

在 Web 使用挖掘中，重要的是要区分用户访问和 Web 机器人（Web Robot）访问。Web 机器人（又称 Web 爬虫）是一个软件程序，它可以自动跟踪嵌入网页中的超链接，定位和获取互联网上的信息。这些程序安装在搜索引擎的入口，收集索引网页必需的文档。在应用 Web 挖掘技术分析人类的浏览习惯之前，必须过滤掉 Web 机器人的访问。可以使用决策树分类法来区分正常的用户访问和由 Web 机器人产生的访问。

2.6　作业与练习

假定你是一个数据挖掘顾问，受雇于一家 Inter 网搜索引擎公司。举例说明如何使用分类技术，使数据挖掘为公司提供帮助。

图 2-10 给出了表 2-5 中的数据集对应的贝叶斯信念网络（假设所有属性都是二元的）。

（1）画出网络中每个节点对应的概率表。

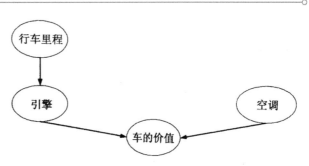

图 2-10　贝叶斯信念网络

（2）使用贝叶斯网络计算 P（引擎=差，空调=不可用）。

表 2-5　数据集

行 车 里 程	引　　擎	空　　调	车的价值=高的记录数	车的价值=低的记录数
高	好	可用	3	4
高	好	不可用	1	2
高	差	可用	1	5
高	差	不可用	0	4
低	好	可用	9	0
低	好	不可用	5	4
低	差	可用	1	2
低	差	不可用	0	2

参考文献

[1] Pang-Ning Tan，Michael Steinbach，Vipin Kumar．Introduction to Date Mining[M]．范明，范宏建，译．北京：人民邮电出版社，2011．

[2] （印）科斯·拉曼．Python 数据可视化[M]．北京：机械工业出版社，2017．

[3] 刘鹏．大数据[M]．北京：电子工业出版社，2017．

第 3 章

聚类

物以类聚，人以群分。人们在了解事物时，常常把事物归类进行分析，以便更好地把握事物的规律和特点。聚类分析，就是采用类似的思想方法。本章讲解聚类的基本概念及常用算法，重点研究聚合分析方法，并介绍聚类方法在实际场景中的应用案例。

3.1 聚类概述

大数据经过采集、清洗、集成、转换后，成为光滑、聚集、规范的大数据，再通过数据分析和挖掘方法，就可以得到多种可用的信息，包括报表、报警、预测、决策、计划、措施、图例等。而聚类分析挖掘方法是数据分析和挖掘的一种常用方法，尤其适合对历史数据不具备先导经验认识的场合。

3.1.1 聚类的基本概念

聚类，是将数据集划分成若干类，使每一类的数据有较多的共同特性，而且类与类之间有较大的差异性。

这里的类，也叫"簇（Cluster）"，是相似数据的集合。

聚类分析是一种常用的数据分析挖掘方法。

1. 聚类的过程

聚类的过程，就是将相似数据归并到一类的过程，形成同类对象具有共同特征，不同类对象之间有显著区别的结果，直到所有数据的归类都完成。

这里，对象的共同特征构成特征性描述，不同类对象之间的区别则构成区别性描述。特征性描述和区别性描述构成对象类的概念描述。概念描述就是对某类对象的内涵进行描述。

在聚类过程中，由于事先并不能确定所有数据可以归并成多少类，所以聚类过程是个无监督的学习过程。这也是聚类与分类的最大差别。聚类是进行数据挖掘和计算的基本操作，是指将海量数据中具有"相似"特征的数据点或样本划分为一个类别。

2. 聚类的目的

聚类的目的是通过数据间的相似性将数据归类，并根据数据的概念描述来制定对应的策略。例如，在电子商务领域，电商可以对有相似浏览行为的客户进行归类，从而找出他们的共同特征，达到充分理解客户需求的目的，并提供相适应的客户服务。聚类分析的基本思想是"物以类聚、人以群分"，因为海量的数据集中必然存在相似的数据样本，基于这个思想就可以将数据区分出来，并发现不同类的特征[1]。

3. 聚类的技术

聚类技术主要包括传统的模式识别方法和数学分类学。其中，传统的模式识别方法有基于试探的聚类搜索算法、系统聚类法和动态聚类法[2]。20 世纪 80 年代初，Michalski 提出了聚类技术概念，其要点是，在划分对象时不仅要考虑对象之间的距离，还要求划分出的类具有某种内涵描述。常用的聚类算法分为基于层次、密度、网格、统计学、模型等类型的算法，典型算法包括 k 均值（经典的聚类算法）、DBSCAN、两步聚类、BIRCH、谱聚类等。

3.1.2 聚类的评价标准

评价聚类算法得出的分类结果的优劣需要借助一些比较标准。*An Introduction to Information Retrieval*（Cambridge University Press, Cambridge, England）中讲述了几种实用的评价方法，如 Purity 方法、RI 方法、*F* 值方法以及 NMI 方法[3]。

下面主要介绍一下常用的 Purity 方法和 RI 方法的要点。

1. Purity 方法

Purity 方法反映具有特征性描述的数据对象占所有数据对象的比例。它将每一类具有特征性描述的数据对象累加，再与所有数据对象相比得出比例，用该比例来衡量该聚类算法的效果。

Purity 计算公式：

$$\text{Purity}(\Omega, C) = \frac{1}{N} \sum_k \max_j \left| \omega_k \cap c_j \right|,$$

其中：$\Omega = \{\omega_1, \omega_2, \cdots, \omega_k\}$ 是聚类（Cluster）的集合，ω_k 表示第 k 个聚类的集合；$C = \{c_1, c_2, \cdots, c_j\}$ 是数据对象类型（Class）的集合，c_j 表示第 j 个数据对象类型集；N 表示数据对象总数。

如图 3-1 中数据对象的聚类结果分成 3 类。对象类型（Class）包括×、〇、□，N=17，
Purity=(5+4+3)/N=12/17≈0.71。

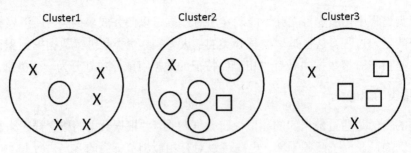

图 3-1　聚类例子

Purity 是简单透明的方法，其取值为 0～1，数值越大，表示聚类效果越好。

在大量数据经聚类算法后，如果得到的聚类（Cluster）数较多，Purity 方法的准确性较高；但如果得到的聚类数多到极端程度，Purity 方法的准确性反而较低。例如，将每个数据对象都聚成一类，则 Purity 为 1，显然 Purity 方法不适用于这种场合。不能单纯为了获得高 Purity 去追求高聚类数而牺牲聚类的质量。

2. RI 方法

RI（Rand Index）方法以组合原理来对聚类进行评价，统计两两数据对象之间正确的特征性描述和正确的区别性描述的组合次数占所有组合次数的比例，以此来评价聚类算法的效果。

RI 计算公式：

$$RI = \frac{TP + TN}{TP + FP + FN + TN},$$

式中：TP——计算每个聚类中同类对象归类到同一类的组合次数，并累计所有的结果；

TN——计算每个不同类对象归类到不同类的组合次数，并累计所有的结果；

FP——计算每个聚类中不同类对象归类到同一类的组合次数，并累计所有的结果；

FN——计算每个同类对象归类到不同类的组合次数，并累计所有的结果。

还是以图 3-1 中的例子来说明。假设 $C(n,m)$=在 m 中任选 n 个的组合数，则

Cluster1：TP= C(2,5)=10；

Cluster2：TP= C(2,4)=6；

Cluster3：TP= C(2,3)+ C(2,2)=4。

TP=10+6+4=20，

TP+FP= C(2,6)+ C(2,6)+ C(2,5)=15+15+10=40，

FP= TP+FP−TP =20。

类似地，组合计算如下。

×：FN= 5+5+5+2=17；

○：FN= 4；

□：FN= 3。

FN=17+4+3=24，

TN+FN= C(1,6)×C(1,6)+ C(1,6)×C(1,5)+ C(1,6)×C(1,5)=36+30+30=96，

TN= TN+FN−FN =96−24=72。

从而得到

RI=(TP+TN)/(TP+FP+FN+TN)=(20+72)/(40+96)=92/136≈0.68

3.1.3　聚类算法的选择

聚类算法众多，它的选择主要参考以下因素。

（1）如果数据集是高维的，那么选择谱聚类。

（2）如果数据量为中小规模，如在 100 万条以内，那么 k 均值将是比较好的选择；如果数据量超过 100 万条，那么可以考虑使用 Mini Batch Kmeans。

（3）如果数据集中有噪点（离群点），那么使用基于密度的 DBSCAN 可以有效地应对这个问题。

（4）如果追求更高的分类准确度，那么选择谱聚类将比 k 均值准确度高。

3.2　聚类算法

聚类分析算法可以分为以下几种。

❑　层次聚类算法（Hierarchical Methods）。

❑　划分聚类算法（Partitioning Methods）。

❑　基于密度的聚类算法（Density-based Methods）。

❑　基于网格的聚类算法（Grid-based Methods）。

❑　基于模型的聚类算法（Model-Based Methods）。

3.2.1　层次聚类算法

对给定的数据集进行层次的分解，直到满足某种条件为止。通过计算各个对象的相似性，并将相似对象合在一起，由同一个父类代表它们，由此构成一棵树，父类为根节点，其所代表的对象即构成树的子节点。

如图 3-2 所示，类(A,B)为子类 A、B 的父类。

类似地，父类又和剩余的其他对象去构成树，形成树的嵌套，如图 3-3 所示。

图 3-2　父类、子类示意图　　　　　图 3-3　树的嵌套示意图

在所有的对象都处理完后，即构成一棵完整的树，如图 3-4 所示。

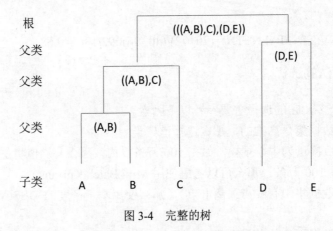

图 3-4 完整的树

从树的构造顺序划分，有自底而上和自顶而下两种方式。前者对应的是聚合聚类，后者对应的是分裂聚类[4]。

3.2.2 划分聚类算法

划分聚类的方法：先预设划分的分类数 K，将给定的数据划分成 K 个非空集合，即簇，然后通过调整每个数据在各簇的分布，使得每个簇的相似度得到进一步提高，而簇之间的相异度加大；不断重复这个过程，即迭代，直到每个簇不再改变。

由于 K 值是预先凭经验设定的，所以划分聚类的效果是否达到最优与 K 值设定是否合理有关。从这个角度来说，划分聚类属于硬聚类方法。

代表算法：K-means。

K-means 通过比较各数据点与簇中心的距离来移动调整簇中心和数据点，得到满意的聚类效果。图 3-5 表述了 K-means 算法的流程图。

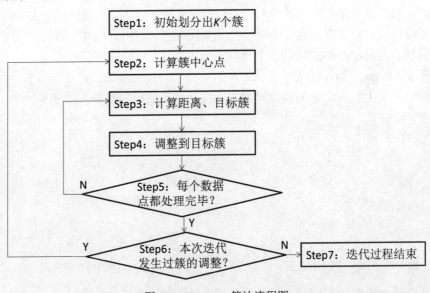

图 3-5 K-means 算法流程图

该算法实现步骤如下。

Step1：初始划分出 K 个簇，可任选 K 个点作为 K 个簇。

Step2：计算每个簇的均值并作为该簇中心点。

Step3：对于每个数据点，计算它与每个簇中心点的距离，比较所有距离得到最小距离及其对应的簇，该簇为该点的目标簇。

Step4：若目标簇与原簇不同，则调整该点到目标簇，否则保留在原簇。

Step5：处理完所有数据点后，完成本次迭代。

Step6：若本次迭代发生过簇的调整，则回到 Step2，继续这个聚类过程（即迭代），否则转下一步。

Step7：迭代过程结束，得到本算法聚类结果——所有的 K 个簇不再有变动。

算法 K-means 适用于没有噪声或孤点的数据集，如球状簇数据集。

3.2.3 基于密度的聚类算法

根据数据对象的密度来划分簇，目标是寻找被低密度区域分离的高密度区域。

代表算法 DBSCAN（Density-based Spatial Clustering of Applications with Noise），中文含义是"基于密度的具有噪声的空间聚类"。DBSCAN 是一个比较有代表性的基于密度的聚类算法，它与划分和层次聚类方法不同，它将类定义为密度相连的点的最大集合，把具有足够高密度的区域划分为类[5]。其思想如下。

事先预设基准半径（Eps）和基准密度（MinPts）。

E 邻域及核心对象：一个数据对象的 Eps 内的区域构成它的 E 邻域；若该 E 邻域内的密度≥基准密度 MinPts，则将该数据对象确定为核心对象。

直接密度可达的点：找出核心对象的 E 邻域内的所有数据对象，这些点称为该核心对象直接密度可达的点。

密度可达的点：对于核心对象 p 直接密度可达的点，再找出它们的直接密度可达的点，依此类推，直到能找到的所有点，这些点则构成核心对象 p 密度可达的点。

密度相连的点：所有这些密度可达的点构成密度相连的点。

算法的目标：找出密度相连的点的最大集合。

基于密度的聚类算法的优点是可以发现任意形状的聚类，包括带有噪声点、孤点的数据。

DBSCAN 算法的优缺点如下。

（1）优点。

① 数据集适用性较广，尤其是对非凸状、圆环形等异形分布的识别较好。

② 对聚类的数量要求不高。

③ 因为 DBSCAN 可以区分核心对象、边界点和噪声点，所以对噪声的过滤效果较好。

（2）缺点。

① 对于高维问题，基于 Eps（半径）和 MinPts（密度）的定义是个很大问题。

② 当簇的密度变化太大时，聚类结果较差。

③ 当数据量增大时，内存消耗比较大。

3.2.4 基于网格的聚类算法

该方法是一种使用多分辨率的网络数据结构。它将对象空间量化为有限数目的单元，这些单元形成了网络结构，所有的聚类操作都在该结构上进行。这种方法的主要优点是处理速度快，其处理时间独立于数据对象数，而仅依赖于量化空间中每一维的单元数。

算法基本思想：将每个属性的可能值分割成许多相邻的区间，创建网格单元的集合。每个对象落入一个网格单元，网格单元对应的属性区间包含该对象的值。

将数据对象空间根据网格结构划分成若干网格，计算网格内的密度，再根据密度聚类。

1. STING

STING（Statistical Information Grid）是一种基于网格的多分辨率聚类技术，它将空间区域划分为矩型单元。针对不同级别的分辨率，通常存在多个级别的矩形单元，这些单元形成了一个层次结构；高层的每个单元被划分为多个低一层的单元。每个网格单元属性的统计信息（如平均值、最大值和最小值）被预先计算和存储。这些统计信息对于下面描述的查询处理是有用的。

STING 有几个优点：① 由于存储在每个单元中的统计信息提供了单元中的数据，不依赖查询到的汇总信息，所以基于网格的计算是独立于查询的。② 网格结构有利于并行处理和增量更新。③ 效率很高。STING 仅扫描数据库一次就可以计算单元的统计信息。因此产生聚类的时间复杂度是 $O(n)$，其中 n 是对象的数目。在层次结构建立后，查询处理的时间复杂度是 $O(g)$，这里 g 是最底层网格单元的数目，通常远远小于 n。

2. ENCLUS

ENCLUS 聚类算法是一种基于网格的聚类方法。网格的划分方法是等分数据空间的每一维，所以网格的划分是均匀的。

在 ENCLUS 中采用了一种寻找聚类子空间的技术：根据指定熵的值，由底向上（从一维开始）寻找有效子空间。该算法的基本思想：在 CLIQUE 算法提出的搜索有效的子空间技术的基础上，提出一种基于熵的搜索有效子空间的方法，对每个子空间计算其熵值，若值低于指定的熵值，就认为此单元是有效的，在找出的有效的子空间中，使用现有的聚类算法都可以进行聚类。

该算法的时间和空间复杂度都是线性的，类似于 CLIQUE 算法。ENCLUS 算法的优点是提出了一种有效的基于熵的搜索子空间的标准，效率高；缺点是对参数非常敏感。

3. MMNG

MMNG 聚类算法是一种基于网格的聚类方法。网格是运用一种 P-树的数据结构进行划分的，网格的划分是均匀的。

MMNG 算法的基本思想：使用了一个 P-树的数据结构来划分数据集，并计算每一个划分单元的中心点，依此进行聚类，从而达到对 MM 算法的一种改进。

该算法的优点是当数据维数增加时，MMNG 需评估的簇中心数相比 MM 算法呈指数下降。

4. GDILC

GDILC 聚类算法是一种基于网格的聚类方法。网格的划分方法是等分数据空间的每一维，所以网格的划分是均匀的。

GDILC 算法的基本思想：描述了一个基于网格的等高线聚类，即同一类中的点在同一个等高线上，若相邻等高线的距离小于一个阈值，则合并这两个等高线对应的类。GDILC 算法的时间复杂度是线性的，该算法的优点是能快速、无指导地聚类，并能很好地识别出孤立点和各种形状的簇；缺点是不能很好地分离出各个类。

5. 网格化聚类算法的均值近似方法

网格化聚类算法是一种基于网格的聚类方法。该方法的基本思想：采用数据空间网格划分的基于密度的聚类算法的均值近似方法，对密集单元，以一个重心点取代原有的保存网格中所有点，有效地减少内存需求；采用一个近似的密度计算来减小密度计算的复杂度。这种算法的优点是通过采用均值计算方法可减少内存需求，大幅度降低计算复杂度。该算法是对目前基于网格和密度的聚类方法的一种改进。

3.2.5　基于模型的聚类算法

为每个数据簇假定一个模型，通过判定每个数据与该模型的吻合度来聚类。基于模型的聚类算法主要有两类：统计学方法和神经网络方法。

统计学算法中较为常用的有 EM 和 COBWEB。

下面介绍 EM（Expectation Maximization）算法思想。

目标：估计 A、B 两个数值。

前提条件：

（1）在开始状态下二者都是未知的。

（2）如果知道了 A、B 中任何一个的值，就可以推导出另外一个的值。

方法：赋予 A 某个初值，推导出 B 的估计值；以 B 的估计值作为它的当前值，推导出 A 的估计值。重复以上过程直到收敛为止，从而得到 A、B 的最佳估计值。

从以上过程可看出，EM 是个逐步逼近的方法。

3.2.6　使用 Spark 实现 K-means 的训练

（1）添加临时 JAVA_HOME 环境变量。

手动或者使用"一键搭建 spark"功能构筑好 spark 环境。登录 slave1 机，添加临时环境变量 JAVA_HOME。

```
[root@slave1 ~]# export JAVA_HOME=/usr/local/jdk1.8.0_161
```

单击"一键搭建"按钮等待搭建完成，通过 jps 命令验证 Spark 已启动。

（2）上传训练数据集。

查看 HDFS 里是否已存在目录"/34/in"，若不存在，使用下述命令新建该目录。

```
[root@slave1 ~]# /usr/cstor/hadoop/bin/hdfs dfs -mkdir -p /34/in
```

使用下述命令将 slave1 机本地文件"/usr/cstor/spark/data/mllib/kmeans_data.txt"上传至 HDFS 的"/34/in"目录。

```
[root@slave1~]#/usr/cstor/hadoop/bin/hdfsdfs-put/usr/cstor/spark/data/mllib/kmeans_data.txt /34/in
```

确认 HDFS 上存在文件"/usr/cstor/spark/data/mllib/kmeans_data.txt"。从 slave1 上传原始数据文件至 HDFS 的/34/in 目录中。

（3）执行 K-means 聚类算法。

准备好输入文件后，下一步便是在 Spark 集群上执行 K-means 程序（处理该数据集）。下面的处理代码参考自"/usr/cstor/spark/examples/src/main/scala/org/apache/spark/examples/SparkKMeans.scala"，操作命令主要在 slave1 机上完成。

在 slave1 机上使用下述命令，进入 spark-shell 接口。

```
[root@slave1~]#/usr/cstor/spark/bin/spark-shell--master
spark://master:7077
```

进入 spark-shell 命令行执行环境后，依次输入下述代码，即完成模型训练。

```
import breeze.linalg.{Vector, DenseVector, squaredDistance}
import org.apache.spark.{SparkConf, SparkContext}
import org.apache.spark.SparkContext._
def parseVector(line: String): Vector[Double] = {
DenseVector(line.split(' ').map(_.toDouble))
}
def closestPoint(p: Vector[Double], centers: Array[Vector[Double]]): Int = {
var bestIndex = 0
var closest = Double.PositiveInfinity
for (i <- 0 until centers.length) {
val tempDist = squaredDistance(p, centers(i))
if (tempDist < closest) {
closest = tempDist
bestIndex = i
}
}
bestIndex
}
val lines = sc.textFile("/34/in/kmeans_data.txt")
val data = lines.map(parseVector _).cache()
val K = "2".toInt
val convergeDist = "0.1".toDouble
val kPoints = data.takeSample(withReplacement = false, K, 42).toArray
var tempDist = 1.0
while(tempDist > convergeDist) {
val closest = data.map (p => (closestPoint(p, kPoints), (p, 1)))
val pointStats = closest.reduceByKey{case ((p1, c1), (p2, c2)) => (p1 + p2, c1 + c2)}
val newPoints = pointStats.map {pair =>(pair._1, pair._2._1 * (1.0 / pair._2._2))}.collectAsMap()
tempDist = 0.0
```

```
for (i <- 0 until K) {
tempDist += squaredDistance(kPoints(i), newPoints(i))
}
for (newP <- newPoints) {
kPoints(newP._1) = newP._2
}
println("Finished iteration (delta = " + tempDist + ")")
}
println("Final centers:")
kPoints.foreach(println)
```

在 slave1 上进入 Spark-shell 命令行环境，输入 K-means 聚类的 scala 代码，查看结果。

3.3 聚合分析方法

3.3.1 欧氏距离

在聚类分析中需要确定数据样本之间的相似程度，这个相似度称为数据样本间的距离。计算距离的方法包括欧氏距离、曼哈顿距离、闵可夫斯基距离和切比雪夫距离等。本节重点介绍常用的欧氏距离（Euclidean Distance）方法。

在一个 p 维空间中，任一点 X_i 表示为 $(X_{i1}, X_{i2}, \cdots, X_{ip})$，它与另一点 X_j 的欧氏距离 $d(X_i, X_j)$ 可按如下方法计算。

$$d(X_i, X_j) = \sqrt{\sum_{k=1}^{p}(X_{ik} - X_{jk})^2} \text{。}$$

例如，在二维空间中有点 $X_1=(6,3)$，$X_2=(3,7)$，则 X_1、X_2 的欧氏距离为

$$d(X_1, X_2) = \sqrt{\sum_{k=1}^{2}(X_{1k} - X_{2k})^2} = \sqrt{(6-3)^2 + (3-7)^2} = 5 \text{。}$$

如果将 X_1、X_2 两点连线看成是向量，那么 $d(X_1, X_2)$ 相当于向量的模。这里暂不考虑向量的方向。

3.3.2 聚合过程

聚合分析方法是层次聚类的常用方法，其聚合过程是"自底而上"的过程。聚合分析过程如下。

（1）将所有数据样本分别看作独立的簇；

（2）计算簇的相似度，即簇之间的距离，距离最小的即相似度最高；

（3）将相似度最高的簇合并成一个簇，再与剩余的其他簇重新聚合；

（4）如此重复迭代以上聚合过程，直到所有数据样本合并为一个簇。

下面介绍一个聚合分析方法的应用实例。

如图 3-6 所示，表格中包含 3 个数据点：$A=(6,3)$，$B=(3,7)$，$C=(12,6)$。

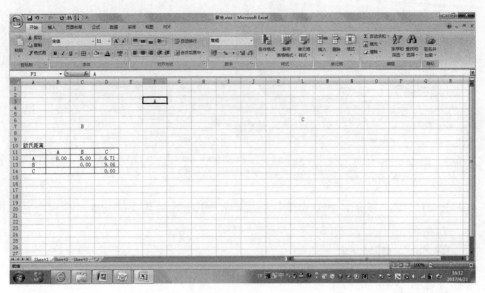

图 3-6　数据点

第 1 次计算相似度，结果如表 3-1 所示。

表 3-1　第 1 次计算相似度

	A	B	C
A	0.00	5.00	6.71
B		0.00	9.06
C			0.00

得到 A、B 最相似。将 A、B 合并为一簇，并与剩余的 C 聚合。

合并簇的值：这里为简易说明，采用簇的质心的方法，即簇的均值作为合并簇的值的方法；此外还有最小距离、最大距离、平均距离等方法，如图 3-7 所示。

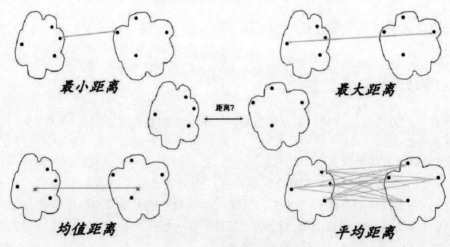

图 3-7　簇的均值距离

A、B 簇的质心如表 3-2 所示，其中 $(A,B)=(A+B)/2$。

表 3-2 *A*、*B* 簇的质心

A	6	3
B	3	7
(A,B)	4.5	5

第 2 次计算相似度，结果如表 3-3 所示。

表 3-3 第 2 次计算相似度

	A,B	C
A,B	0.00	7.57
C		0.00

得到 (A,B),C 最相似。将 (A,B),C 合并为一簇。

((A,B),C) 簇的质心如表 3-4 所示，其中 ((A,B),C)=((A,B)+C)。

表 3-4 ((A,B),C) 簇的质心

A,B	4.5	5
C	12	6
(A,B),C	8.25	5.5

第 3 次计算相似度，结果如表 3-5 所示。

表 3-5 第 3 次计算相似度

	(A,B),C
(A,B),C	0.00

至此，所有的数据点都已合并完。聚合过程完成。

3.3.3 聚类树

将前面每一步的计算结果以树状图的形式展现出来就是层次聚类树。最底层是原始数据点。原始数据依照数据点之间的相似度组合为聚类树的第二层。依此类推，直至生成完整的层次聚类树树状图。如图 3-8 所示为 3.2.2 节中例子的层次聚类树树状图。

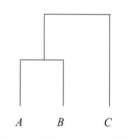

图 3-8 层次聚类树树状图

在构造层次聚类树的过程中，最小的簇依据相似度规则合并在一起创建下一个较高层次的簇，这一层次的簇再合并在一起就创建了再下一层次的簇。通过这样的迭代过程，就可以生成一颗带嵌套的聚类树来完成聚类。聚类原始数据处在树的最底层，在树的顶层有一个根节点聚类，覆盖了全部数据节点。兄弟节点聚类则涵盖了它们共同的父节点中所有的数据点。

通过将数据不停地拆分或重组，最终将数据转为一棵符合一定标准的具有层次结构的聚类树，这就是层次聚类的过程。

层次聚类树的作用是，充分展示聚类的整个过程，帮助用户从可视化的层面了解哪些数据被归聚为一类。最终聚为几个类别，需要依据对不同类的特征的区隔程度阈值 *T*

来决定，在 T 内的数据簇归为同一类。这样得到的数据簇类的个数即为聚类的类别数。

层次聚类的优点是，它完成了整个聚类的过程，通过聚类树可以根据树结构来得到簇的数目；而改变簇的数目无须重新计算数据点的归类，大大提高了算法的灵活性和实用性。层次聚类的缺点是，计算量比较大，特别是采用平均距离方法时，每次迭代过程都需要计算簇间所有数据点之间的两两距离。而且，层次聚类得到的结果只是局部最优，不一定是全局最优。

3.3.4　聚合分析方法应用实例

假设有原始数据 A、B、C、D、E，其数值如表 3-6 所示。

表 3-6　A、B、C、D、E 数值表

	原 始 数 据	聚 合 数 据			
A	19.7				
B	21.4	20.6	20.6		
C	24.9	24.9			
D	27.5	27.5	26.2	23.4	
E	63.3	63.3	63.3	63.3	43.3

第 1 列是原始数据，后面 4 列是聚合过程数据，其中以质心作为合并簇值。

当区隔程度阈值 $T=3$ 时，可以得到 3 个簇类 (A,B)、(C,D)、E。这个聚合过程对应的层次聚类树如图 3-9 所示。图中横线下方为聚类得到的 3 个簇类。实际上，这里 A、B、C、D、E 的数值分别表示首尔、香港、北京、上海、东京在同一年的 GDP 值。以 3（即 3000 亿元）作为区分标准。

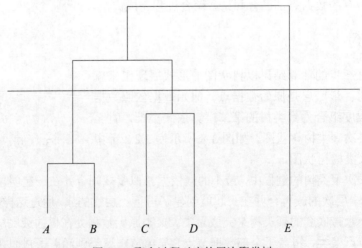

图 3-9　聚合过程对应的层次聚类树

通过上面描述的聚合过程，可以将这 5 个城市划分成以下 3 个方阵。

第一方阵：东京。

第二方阵：上海、北京。

第三方阵：香港、首尔。

3.4　聚类在实际场景中的应用案例

3.4.1　在电网中的应用

近年来，随着信息化建设进程的加快和信息系统的长期运行，广东电网公司积累了大量在线数据，为业务指导和经营决策奠定了基础。为了提升信息系统的数据质量，加速信息系统的实用化，广东电网公司建立了数据质量检测平台，平台运行后，数据质量的检测效率、检测覆盖面和准确率都得到大幅提升。然而，当前的数据质量检测方法一般只是针对数据缺失、乱码、特殊字符等浅表的显性数据质量问题提出了解决方案，对于没有明显业务规则、隐性的数据质量问题，仍然缺少有效的技术检测手段。例如，对于涉及复杂场景的潜在数据质量问题，如线路长度、设备电流值、缺陷类别等，校验规则比较宽泛，大多数情况下只考虑单个字段，缺少对指标间关联规则的考虑，造成数据质量问题挖掘不全面、不到位。

基于聚类分析的离群检测数据挖掘方法，能够根据数据支撑的业务目标对海量数据进行快速、高效、准确的提取，有效地挖掘出隐藏的离群数据点，分析其背后的原因，结合实际业务规则判定其是否为坏数据，有针对性地进行处理，进而提高数据质量水平。本节将基于该方法在数据质量检测中的应用展开研究。

通过对电网、调度网等重要生产业务的历史故障和缺陷情况进行故障概率聚类分析，发掘故障因素的关联性、共性规律，从而制定相应的防范对策和措施，在故障和缺陷发生之前进行预防式防护，达到大幅度提升电网运行可靠性的目的。

3.4.2　在电力用户用电行为分析中的应用

随着电力体制改革向纵深推进，售电侧逐步向社会资本放开，当下的粗放式经营和统一式客户服务内容及模式，难以应对日益增长的个性化、精准化客户服务体验要求。如何充分利用现有的数据资源，深入挖掘客户的潜在需求，改善供电服务质量，增强客户黏性，对公司未来发展至关重要。

对电力服务具有较强敏感度的客户对于电费计量、供电质量、电力营销等各方面服务的质量及方式往往会提出更高的要求，从而成为各级电力公司关注的重点客户。经过多年的发展与沉淀，目前国家电网积累了全网 4 亿多客户的档案数据和海量供电服务信息，以及公司营销、电网生产等数据，可以有效地支撑海量电力数据分析。因此，国家电网公司希望通过大数据分析技术，科学地开展电力敏感客户分析，以准确地识别敏感客户，并量化敏感程度，进而支撑有针对性的精细化客户服务策略，控制电力服务人工成本、提升企业公众形象。

通过对电力用户用电规模、用电模式进行聚类分析，能将用户划分成不同的类别，并分别制定相应的售电策略和风险防范策略。

电力公司通过客户价值细分模型对客户基本信息、用电负荷、违章历史等方面的用电行为特征进行聚类分析，将多个用户的用电方式通过聚类分析形成用电属性相似的行业群体，根据客户对电力公司的贡献度、用电变化趋势、风险程度等情况，将客户细分为多种类别，以推进客户细分管理、欠费和用电风险有效预测、配用电错峰调度，实现个性化营销和服务，促进服务质量和防范风险能力的不断提升。

3.4.3 在电商中的应用

电商将交易信息，包括消费者购买时间、购买商品、购买数量、支付金额、性别、年龄、地域分布、关联收藏等进行聚类分析，可以了解客户的消费习惯，制定对应的商品营销推广活动，提高成交转化率。

3.4.4 聚类实现的例子

本小节通过实例展示 K-means 聚类的实现过程。

大数据计算集群：5 台服务器，包括主节点 master，从节点 slave1、slave2、slave3，以及提交作业请求的客户端 client，如图 3-10 所示。

图 3-10　大数据集群节点

通过 master 的 50070 端口可以访问到该 Hadoop 集群的基本信息，图 3-11 是其部分信息示意图，如集群 ID、HDFS 容量等。

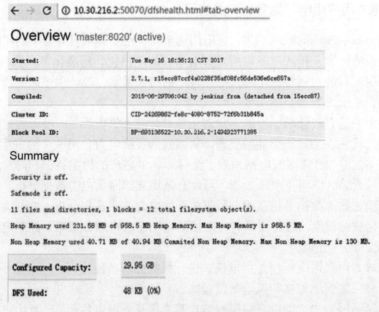

图 3-11　Hadoop 集群的基本信息

图 3-12 列出了构成 Hadoop 的 3 个 Datanode 基本信息，包括各节点的 HDFS 使用情况等。

Datanode Information

In operation

Node	Last contact	Admin State	Capacity	Used	Non DFS Used	Remaining	Blocks	Block pool used
slave2:50010 (10.30.32.7:50010)	0	In Service	9.98 GB	16 KB	2.26 GB	7.72 GB	1	16 KB (0%)
slave1:50010 (10.30.240.14:50010)	2	In Service	9.98 GB	16 KB	2.27 GB	7.71 GB	1	16 KB (0%)
slave3:50010 (10.30.248.8:50010)	2	In Service	9.98 GB	16 KB	2.26 GB	7.72 GB	1	16 KB (0%)

图 3-12　Datanode 基本信息

需要聚类挖掘的数据：选取 3 维数据组，共 6 个数据。具体如下。

0.0 0.0 0.0

0.1 0.1 0.1

0.2 0.2 0.2

9.0 9.0 9.0

9.1 9.1 9.1

9.2 9.2 9.2

聚类的目标是，将原始数据分成两类，并找出每一类的质心。实施方法过程如下。

从本地连接 slave1：

```
[c:\~]$ ssh 10.30.240.14
Connecting to 10.30.240.14:22...
Connection established.
To escape to local shell, press 'Ctrl+Alt+]'.
```

查看 Hadoop 工作目录：

```
[root@slave1 ~]# cd /usr/cstor/hadoop
[root@slave1 hadoop]# ls -l
total 28
-rw-r--r-- 1 10021 10021 15429 May 16 16:35 LICENSE.txt
-rw-r--r-- 1 10021 10021    101 May 16 16:35 NOTICE.txt
-rw-r--r-- 1 10021 10021   1366 May 16 16:35 README.txt
drwxr-xr-x 2 10021 10021    194 Jun 29  2015 bin
drwxr-xr-x 4 root  root      37 May 16 16:36 cloud
drwxr-xr-x 3 10021 10021     20 Jun 29  2015 etc
drwxr-xr-x 2 10021 10021    106 Jun 29  2015 include
drwxr-xr-x 3 10021 10021     20 Jun 29  2015 lib
drwxr-xr-x 2 10021 10021    239 Jun 29  2015 libexec
drwxr-xr-x 3 root  root     211 May 16 16:36 logs
drwxr-xr-x 2 10021 10021   4096 Jun 29  2015 sbin
drwxr-xr-x 4 10021 10021     31 Jun 29  2015 share
[root@slave1 hadoop]# ls -l /34
```

ls: cannot access /34: No such file or directory

设置 JAVA_HOME 路径：

[root@slave1 ~]# export JAVA_HOME=/usr/local/jdk1.7.0_79

创建 Hadoop 工作目录/34/in：

[root@slave1 hadoop]# bin/hadoop fs -mkdir -p /34/in
17/05/17 06:04:10 WARN util.NativeCodeLoader: Unable to load native- hadoop library for your platform... using builtin-java classes where applicable
[root@slave1 hadoop]# bin/hadoop fs -ls /
17/05/17 06:04:36 WARN util.NativeCodeLoader: Unable to load native- hadoop library for your platform... using builtin-java classes where applicable
Found 1 items
drwxr-xr-x   - root supergroup   0 2017-05-16 17:10 /34
[root@slave1 hadoop]# bin/hadoop fs -ls /34
17/05/17 06:04:44 WARN util.NativeCodeLoader: Unable to load native- hadoop library for your platform... using builtin-java classes where applicable
Found 1 items
drwxr-xr-x   - root supergroup   0 2017-05-16 17:10 /34/in
[root@slave1 hadoop]# ls -l /usr/cstor
total 8
drwxr-xr-x 11 10021 10021   174 May 16 16:36 hadoop
drwxr-xr-x 12 root   root   4096 Nov 14 2016 leveldb
drwxr-xr-x 3 root   root   91 Nov 14 2016 mongodb
drwxr-xr-x 6 root   root   56 Feb 14 12:25 opencv3
drwxr-xr-x 8 root   root   197 Feb 14 12:25 plate
drwxr-xr-x 14 root   root   332 Feb 14 12:26 platerecog
drwxrwxr-x 6 root   root   309 Nov 14 2016 redis
drwxrwxr-x 9 2000   2000   89 Mar 18 2014 scala
drwxr-xr-x 14   500   500   234 May 16 16:36 spark
drwxr-xr-x 10 1000   1000 4096 Feb 20 2014 zookeeper

查看需要聚类的数据文件 kmeans_data.txt 的所在目录：

[root@slave1 hadoop]# ls -l /usr/cstor/spark/data/mllib
total 796
drwxr-xr-x 2 500 500   94 Dec 22 2015 als
-rw-r--r-- 1 500 500   63973 Dec 22 2015 gmm_data.txt
-rw-r--r-- 1 500 500   72 Dec 22 2015 kmeans_data.txt
drwxr-xr-x 2 500 500   25 Dec 22 2015 lr-data
-rw-r--r-- 1 500 500 197105 Dec 22 2015 lr_data.txt
-rw-r--r-- 1 500 500   24 Dec 22 2015 pagerank_data.txt
-rw-r--r-- 1 500 500   164 Dec 22 2015 pic_data.txt
drwxr-xr-x 2 500 500   23 Dec 22 2015 ridge-data
-rw-r--r-- 1 500 500 104736 Dec 22 2015 sample_binary_classification_ data.txt
-rw-r--r-- 1 500 500   68 Dec 22 2015 sample_fpgrowth.txt

```
-rw-r--r-- 1 500 500    1598 Dec 22   2015 sample_isotonic_regression_ data.txt
-rw-r--r-- 1 500 500     264 Dec 22   2015 sample_lda_data.txt
-rw-r--r-- 1 500 500 104736 Dec 22   2015 sample_libsvm_data.txt
-rwxr-xr-x 1 500 500 119069 Dec 22   2015 sample_linear_regression_ data.txt
-rw-r--r-- 1 500 500   14351 Dec 22   2015 sample_movielens_data.txt
-rw-r--r-- 1 500 500    6953 Dec 22   2015 sample_multiclass_classification_ data.txt
-rw-r--r-- 1 500 500      95 Dec 22   2015 sample_naive_bayes_data.txt
-rw-r--r-- 1 500 500   39474 Dec 22   2015 sample_svm_data.txt
-rw-r--r-- 1 500 500 115476 Dec 22   2015 sample_tree_data.csv
[root@slave1 hadoop]# ls -l /usr/cstor/spark/data/mllib/kmeans_data.txt
-rw-r--r-- 1 500 500 72 Dec 22   2015 /usr/cstor/spark/data/mllib/kmeans_ data.txt
```

将需要聚类的数据文件 kmeans_data.txt 装进 Hadoop 的 HDFS 分布式文件系统中，并显示验证确认无误：

```
[root@slave1 hadoop]# pwd
/usr/cstor/hadoop
[root@slave1 hadoop]# bin/hdfs dfs -put /usr/cstor/spark/data/mllib/kmeans_ data.txt /34/in
17/05/17 06:09:18 WARN util.NativeCodeLoader: Unable to load native- hadoop library for your platform... using builtin-java classes where applicable
[root@slave1 hadoop]# bin/hadoop fs -ls /34/in
17/05/17 06:09:38 WARN util.NativeCodeLoader: Unable to load native- hadoop library for your platform... using builtin-java classes where applicable
Found 1 items
-rw-r--r--   3 root supergroup     72 2017-05-17 06:09/34/in/kmeans_data.txt
[root@slave1 hadoop]# bin/hadoop fs -cat /34/in/kmeans_data.txt
17/05/17 06:10:31 WARN util.NativeCodeLoader: Unable to load native- hadoop library for your platform... using builtin-java classes where applicable
0.0 0.0 0.0
0.1 0.1 0.1
0.2 0.2 0.2
9.0 9.0 9.0
9.1 9.1 9.1
9.2 9.2 9.2
```

验证与 master 网络连接正常并进入 Spark 工作目录：

```
[root@slave1 hadoop]# pwd
/usr/cstor/hadoop
[root@slave1 hadoop]# cd ../spark
[root@slave1 spark]# pwd
/usr/cstor/spark
[root@slave1 spark]# ping master
PING master (10.30.216.2) 56(84) bytes of data.
64 bytes from master (10.30.216.2): icmp_seq=1 ttl=62 time=0.380 ms
64 bytes from master (10.30.216.2): icmp_seq=2 ttl=62 time=0.262 ms
64 bytes from master (10.30.216.2): icmp_seq=3 ttl=62 time=0.327 ms
```

```
64 bytes from master (10.30.216.2): icmp_seq=4 ttl=62 time=0.313 ms
64 bytes from master (10.30.216.2): icmp_seq=5 ttl=62 time=0.316 ms
64 bytes from master (10.30.216.2): icmp_seq=6 ttl=62 time=0.309 ms
64 bytes from master (10.30.216.2): icmp_seq=7 ttl=62 time=0.271 ms
64 bytes from master (10.30.216.2): icmp_seq=8 ttl=62 time=0.263 ms
64 bytes from master (10.30.216.2): icmp_seq=9 ttl=62 time=0.278 ms
64 bytes from master (10.30.216.2): icmp_seq=10 ttl=62 time=0.310 ms
64 bytes from master (10.30.216.2): icmp_seq=11 ttl=62 time=0.309 ms
64 bytes from master (10.30.216.2): icmp_seq=12 ttl=62 time=0.300 ms
64 bytes from master (10.30.216.2): icmp_seq=13 ttl=62 time=0.319 ms
64 bytes from master (10.30.216.2): icmp_seq=14 ttl=62 time=0.308 ms
^C
--- master ping statistics ---
14 packets transmitted, 14 received, 0% packet loss, time 13000ms
rtt min/avg/max/mdev = 0.262/0.304/0.380/0.035 ms
```

进入 spark-shell 接口 scala：

```
[root@slave1 spark]# bin/spark-shell --master spark://master:7077
```

进入 scala 解释器，即 scala 的 shell 环境：

```
scala>
```

以下为运行 K-means spark 算法的过程，其中以 scala>开头的行为输入的命令，跟随其后的行列出命令执行主要结果。

导入所需的包：

```
scala> import breeze.linalg.{Vector, DenseVector, squaredDistance}
import breeze.linalg.{Vector, DenseVector, squaredDistance}

scala> import org.apache.spark.{SparkConf, SparkContext}
import org.apache.spark.{SparkConf, SparkContext}

scala> import org.apache.spark.SparkContext._
import org.apache.spark.SparkContext._
```

定义分析方法和计算最短距离点的方法（method）：

```
scala> def parseVector(line: String): Vector[Double] = {
     | DenseVector(line.split(' ').map(_.toDouble))
     | }
parseVector: (line: String)breeze.linalg.Vector[Double]

scala> def closestPoint(p: Vector[Double], centers: Array[Vector[Double]]): Int = {
     | var bestIndex = 0
     | var closest = Double.PositiveInfinity
     | for (i <- 0 until centers.length) {
```

```
| val tempDist = squaredDistance(p, centers(i))
| if (tempDist < closest) {
| closest = tempDist
| bestIndex = i
| }
| }
| bestIndex
| }
closestPoint: (p: breeze.linalg.Vector[Double], centers: Array[breeze.linalg. Vector[Double]])Int
```

装入并读取挖掘数据文件：

```
scala> val lines = sc.textFile("/34/in/kmeans_data.txt")
17/05/17 06:14:50 INFO storage.MemoryStore: Block broadcast_0 stored as values in memory
(estimated size 86.5 KB, free 86.5 KB)
17/05/17 06:14:50 INFO storage.MemoryStore: Block broadcast_0_piece0 stored as bytes in
memory (estimated size 19.4 KB, free 105.9 KB)
17/05/17 06:14:50 INFO storage.BlockManagerInfo: Added broadcast_0_ piece0 in memory
on 10.30.240.14:42657 (size: 19.4 KB, free: 511.5 MB)
17/05/17 06:14:50 INFO spark.SparkContext: Created broadcast 0 from textFile at <console>:32
lines: org.apache.spark.rdd.RDD[String] = MapPartitionsRDD[1] at textFile at <console>:32

scala> val data = lines.map(parseVector _).cache()
data: org.apache.spark.rdd.RDD[breeze.linalg.Vector[Double]] = MapPartitionsRDD[2] at map at
<console>:36
```

定义 K 的取值：

```
scala> val K = "2".toInt
K: Int = 2

scala> val convergeDist = "0.1".toDouble
convergeDist: Double = 0.1
```

初始化 K 个簇：

```
scala> val kPoints = data.takeSample(withReplacement = false, K, 42). toArray
kPoints: Array[breeze.linalg.Vector[Double]] = Array(DenseVector(0.1, 0.1, 0.1), DenseVector
(9.2, 9.2, 9.2))
```

计算每个点的距离并调整簇，直到 K 个簇不再有变动，得到挖掘结果：

```
scala> var tempDist = 1.0
tempDist: Double = 1.0
scala> while(tempDist > convergeDist) {
    | val closest = data.map (p => (closestPoint(p, kPoints), (p, 1)))
    | val pointStats = closest.reduceByKey{case ((p1, c1), (p2, c2)) => (p1 + p2, c1 + c2)}
    | val newPoints = pointStats.map {pair =>
```

```
| (pair._1, pair._2._1 * (1.0 / pair._2._2))}.collectAsMap()
| tempDist = 0.0
| for (i <- 0 until K) {
| tempDist += squaredDistance(kPoints(i), newPoints(i))
| }
| for (newP <- newPoints) {
| kPoints(newP._1) = newP._2
| }
| println("Finished iteration (delta = " + tempDist + ")")
| }

scala> kPoints.foreach(println)
DenseVector(0.1, 0.1, 0.1)
DenseVector(9.099999999999998, 9.099999999999998, 9.099999999999998)
```

原数据组被分成两类，以上分别是每个类的质心。

3.5　作业与练习

1. 请说明聚类的过程。
2. 请说明两种聚类方法的评价标准。
3. 请列出 3 种以上聚类算法。
4. K-means 算法是层次聚类还是划分聚类？请说明其算法流程。
5. 请举例并画出一棵层次聚类树，并说明其作用。
6. 请举例说明欧氏距离（Euclidean Distance）的计算过程。
7. 请举例说明聚类方法在实际生活中的应用。

参考文献

[1] 刘鹏. 大数据[M]. 北京：电子工业出版社，2017.

[2] CSDN. 模式识别-经典聚类方法[DB/OL].（2015-01-15）[2023-03-05]. http://blog.csdn.net/chenjiazhou12/article/details/42750203.

[3] Christopher D. Manning, Prabhakar Raghavan, Hinrich Schütze. An Introduction to Information Retrieval[M]. Cambridge: Cambridge University Press, 2008.

[4] CSDN. 层次聚类算法的原理及实现 Hierarchical Clustering[DB/OL].（2016-12-07）[2023-03-05]. http://blog.csdn.net/zhangyonggang886/article/details/53510767.

[5] CSDN. 简单易学的机器学习算法——基于密度的聚类算法 DBSCAN[DB/OL].（2014-07-10）[2023-03-05]. https://blog.csdn.net/google19890102/article/details/37656733.

第 4 章

关联规则

关联规则挖掘（Association Rule Mining）是数据挖掘中一个主要的研究内容和方向。关联规则挖掘是指依据大量数据中存在的特定关系，通过对数据的关联分析发现数据之间的联系，形成数据的聚类或分类。

对关联规则的研究最早是为了发现超市交易数据库中不同商品之间的关系，现在已经在电商、零售、大气物理、生物医学等多个方面有了广泛的应用，关联规则挖掘在数据挖掘中是一个重要的课题，最近几年已被业界广泛研究。

本章将介绍关联规则的基本概念、分类、具体挖掘过程，以及经典的关联规则挖掘Apriori 算法，最后进行实战练习，即解决关联规则挖掘实例。

4.1 关联规则概述

4.1.1 经典案例导入

在营销届流传着一个"啤酒与尿布"的神话，沃尔玛将"啤酒"与"尿布"两个属性上没有任何关系的商品摆在一起销售，出乎意料的是，这两个商品都获得了不菲的销售收益。

在 1998 年出版的《哈佛商业评论》中，"啤酒与尿布"的案例正式刊登。将尿布和啤酒摆在一起出售，反而促使两者销量双双增加的有趣现象，被各个商家竞相效仿并津津乐道。原来，美国的妇女们经常会嘱咐她们的丈夫下班以后要为孩子买尿布。而丈夫在买完尿布之后又要顺手买回自己爱喝的啤酒，因此啤酒和尿布被一起购买的机会还是很多的。

关联规则最初是针对购物篮分析（Market Basket Analysis）问题提出的。商家最为关心的就是顾客的购物习惯，想了解顾客会在一次购物时同时购买哪些商品，为了回答该问题，可以对顾客在商店一次购物所购买的"购物篮"商品进行分析。该过程通过发现顾客放入"购物篮"中不同商品之间的关联，分析顾客的购物习惯。这种关联的发现可以帮助零售商了解哪些商品频繁地被顾客同时购买，从而帮助他们开发更好的营销策略。

这个发现为商家带来了大量的利润，那么商家是如何从浩如烟海却又杂乱无章的数据中，发现啤酒和尿布销售之间的联系呢？这又给了我们什么样的启示呢？这其实就是本章所讲述的重点内容——关联规则！

4.1.2 关联规则的基本概念和定义

"关联规则"概念最早是由 Agrawal 等人在 1993 年首先提出的，最初是针对购物篮分析问题提出的，其目的是为了发现交易数据库中不同商品之间的联系规则。Agrawal 等人于 1993 年提出了关联规则挖掘算法 AIS，但是性能较差。1994 年，他们建立了项目集格空间理论，并提出了著名的 Apriori 算法，至今 Apriori 仍然作为关联规则挖掘的经典算法被广泛讨论，在 Apriori 算法被提出以后诸多的研究人员对关联规则的挖掘问题进行了大量的研究。

1．基本概念

为了更加清晰地了解关联规则的基本概念，先来学习几个关联规则方法中常用的概念。

（1）项（Item）、项集（Itemset）、k-项集与事务。

❑ 项：数据库中不可分割的最小单位。

❑ 项集：多个项的集合，其中空集是指不包含任何项的项集。

❑ k-项集：由 k 个项构成的项集组合。

❑ 事务：用户定义的一个数据库操作序列，这些操作序列是一个不可分割的工作单位。

下面通过一个实例来详细说明以上概念。

假设某连锁超市的购物篮数据如表 4-1 所示，购物篮数据由顾客标识（TID）和顾客购买信息（项集）组成。其中，顾客购买信息中的每一个物品称为一个项，如{面包}。顾客每一次购买的所有物品构成一个项集，如{面包,牛奶}。因此，{面包,尿布,啤酒,鸡蛋}是由 4 个项构成的项集，称为"4-项集"。一个顾客的一次购买记录，由一个顾客标识 TID 和一个项集进行表示，称为"一个事务"，如表 4-1 中每一行即对应着一个事务，由顾客标识 TID 和项集构成。

表 4-1 某连锁超市的购物篮数据

TID	项　　集	TID	项　　集
1	{面包,牛奶}	4	{面包,牛奶,尿布,啤酒}
2	{面包,尿布,啤酒,鸡蛋}	5	{面包,牛奶,尿布,可乐}
3	{牛奶,尿布,啤酒,可乐}		

（2）频繁项集（Frequent Itemset）。

频繁项集是指在所有训练元组中同时出现的次数超过人工定义的阈值的项集。在关联规则的挖掘过程中，一般只保留候选项集中满足支持度条件的项集，而舍弃不满足条件的项集。

（3）最大频繁项集（Frequent Large Itemset）。

若不存在包含当前频繁项集的频繁超集，则当前频繁项集就是最大频繁项集。

通过以上定义可以引出关联规则的基本形式。关联规则就是有关联的规则，定义形式如下。

假设两个不相交的非空项集 X、Y（即 $X, Y \subseteq N$，$X \cap Y = \varnothing$）。如果 $X \rightarrow Y$，就说 $X \rightarrow Y$ 是一条关联规则。例如，在表 4-1 中可以发现购买啤酒就一定会购买尿布，因此 {啤酒}→{尿布} 就是一条关联规则。关联规则的强度用支持度（Support）和置信度（Confidence）来描述。

（4）支持度。

支持度是指项集在所有训练元组中同时出现的次数，可以表述为 $\text{Support}(X \rightarrow Y) = |X \cup Y| / |N|$。其中，$X, Y \subseteq N$，$X \cap Y = \varnothing$，$|X \cup Y|$ 表示集合 X 与 Y 在一个事务中同时出现的次数，$|N|$ 表示数据记录的总个数。

（5）置信度。

置信度也叫"置信水平"，可以表述为 $\text{Confidence}(X \rightarrow Y) = |X \cup Y| / |X| = \text{Support}(X \rightarrow Y) / \text{Support}(X)$，其中，$X, Y \subseteq N$，$X \cap Y = \varnothing$，$|X \cup Y|$ 表示集合 X 与 Y 在一个事务中同时出现的次数，$|X|$ 表示 X 出现的总次数。因此，假设 $\text{Confidence}(X \rightarrow Y) = 60\%$，表示 60% 的 X 出现的同时也出现了 Y。

例如，在表 4-1 中，$\text{Confidence}(\{啤酒\} \rightarrow \{尿布\}) =$ 啤酒和尿布同时出现的次数/啤酒出现的次数= 3/3 = 100%；$\text{Confidence}(\{尿布\} \rightarrow \{啤酒\}) =$ 啤酒和尿布同时出现的次数/尿布出现的次数= 3/4 = 75%。

支持度和置信度越高，说明规则越强，关联规则挖掘就是挖掘出满足一定强度的规则。

2. 关联规则挖掘

关联规则挖掘是数据挖掘中最活跃的研究方法之一，是指搜索业务系统中的所有细节或事务，找出所有能将一组事件（或数据项）与另一组事件（或数据项）联系起来的规则，以获得存在于数据库中的不为人知的或不能确定的信息，它侧重于确定数据中不同领域之间的联系，也是在无指导学习系统中挖掘本地模式的最普通形式。

一般来说，关联规则挖掘是指从一个大型的数据集（Dataset）中发现有趣的关联（Association）或相关关系（Correlation），即从数据集中识别出频繁出现的属性值集（Sets of Attribute Values），也称为"频繁项集（Frequent Itemsets，频繁集）"，然后利用这些频繁项集创建描述关联关系的规则的过程。

由关联规则挖掘中涉及的几个基本概念，可以对关联、关联规则和关联分析进行定义。

❑ 关联（Association）：两个或多个变量的取值之间存在某种规律性。
❑ 关联规则（Association Rule）：从事务数据库、关系数据库和其他信息存储中的大量数据的项集之间发现的有趣的、频繁出现的模式、关联和相关性。

❑ 关联分析（Association Analysis）：用于发现隐藏在大型数据集中令人感兴趣的
联系。所发现的联系可以用关联规则或者频繁项集的形式表示。关联规则挖掘
就是从大量的数据中挖掘出描述数据项之间相互联系的有价值的有关知识。

因此，一个事务数据库中的关联规则挖掘可以抽象描述如下。

设 $I=\{I_1,I_2,\cdots,I_m\}$ 是一个项目集合，事务数据库 $D=\{T_1,T_2,\cdots,T_n\}$ 由一系列具有唯一标识 TID 的事务组成，每个事务 T_i $(i=1,2,\cdots,n)$ 都对应 I 上的一个子集。

设 $I_1 \subseteq I$，项目集 I_1 在 D 上的支持度是包含 I_1 的事务在 D 中所占的百分比，即 $\text{Support}(I_1)=\|\{t\in D\,|\,I_1\subseteq t\}\|/\|D\|$。一个定义在 I 和 D 上的形如 $I_1\rightarrow I_2$ 的关联规则通过满足一定的可信度来给出。

支持度可以表述为 $\text{Support}(I_1\rightarrow I_2)=(I_1\bigcup I_2)/n$ =集合 I_1 与集合 I_2 中的项在一条记录中同时出现的次数/数据记录的个数。置信度可以表述为 $\text{Confidence}(I_1\rightarrow I_2)=$ $\text{Support}(I_1\bigcup I_2)/\text{Support}(I_1)$ =集合 I_1 与集合 I_2 中的项在一条记录中同时出现的次数/集合×出现的个数。其中，$I_1,I_2\subseteq I$，$I_1\bigcap I_2=\varnothing$。

给定一个事务数据库，关联规则挖掘过程就是按照最小支持度（Minsupport）和最小可信度（Minconfidence）来寻找合适关联规则的过程。如果满足最小支持度阈值和最小置信度阈值，则称关联规则是有意义的[1]。这些阈值由用户或者专家设定。

一般地，关联规则挖掘问题可以划分成以下两个子问题。

（1）发现频繁项目集。通过用户给定的 Minsupport 寻找所有频繁项目集，即满足 Support 不小于 Minsupport 的项目集。事实上，这些频繁项目集可能具有包含关系。一般地，我们只关心那些不被其他频繁项目集所包含的所谓最大频繁项集的集合。这些最大频繁项集是形成关联规则的基础。

（2）生成关联规则。通过用户给定的 Minconfidence 在每个最大频繁项目集中寻找 Confidence 不小于 Minconfidence 的关联规则。

这两个子问题主要在 4.3 节中进行介绍。

4.1.3 关联规则的分类

按照不同标准，关联规则可以进行如下分类。

（1）基于规则中处理的变量的类别，关联规则可以分为布尔型和数值型。

布尔型关联规则一般处理的数据是"属于"或"不属于"的关系，处理的值都是离散的、种类化的，它显示了这些变量之间的从属关系。例如，{面包} → {牛奶}（Support=79%，Confidence=82%），只考虑关联规则中的数据项是否出现，是布尔型关联规则。

数值型关联规则中的数据项是数量型，可以和多维关联或多层关联规则结合起来，对数值型字段进行处理，将其进行动态的分割，或者直接对原始的数据进行处理，当然数值型关联规则中也可以包含种类变量。例如，{顾客年龄 $\subseteq$ (26,32)}→{尿布}，年龄是一个数量型的数据项。在这种关联规则中，一般将数量离散化成为区间。

（2）基于规则中数据的抽象层次，可以分为单层关联规则和多层关联规则。

在单层关联规则中，所有的变量都没有考虑到现实的数据是具有多个不同的层次

的；而在多层关联规则中，对数据的多层性已经进行了充分的考虑。例如，{IBM 台式机}→{Sony 打印机}，是一个细节数据上的单层关联规则；{台式机}→{Sony 打印机}，是一个较高层次和细节层次之间的多层关联规则。

（3）基于规则中涉及的数据的维数，关联规则可以分为单维的和多维的。

在单维的关联规则中只涉及数据的一个维，如用户购买的物品；而在多维的关联规则中，要处理的数据将会涉及多维。换句话说，单维关联规则是处理单个属性中的一些关系，多维关联规则是处理各个属性之间的某些关系。例如，{啤酒}→{尿布}，这条规则只涉及用户购买的物品；{性别="女"}→{职业="秘书"}，这条规则就涉及两个字段的信息，是两个维度上的一条关联规则。

4.2 关联规则的挖掘过程

关联规则挖掘的定义：给定一个交易数据集 T，找出其中所有满足支持度 Support≥Minsupport、置信度 Confidence≥Minconfidence 的关联规则。

4.2.1 知识回顾

由 4.1 节可知，关联规则挖掘是从事务数据库中挖掘出这样的关联规则：支持度和置信度大于最低阈值，这个阈值是由专家或用户指定的。根据支持度和置信度的公式，要想找出满足条件的关联规则，首先必须找出集合 $F=(I_1 \cup I_2)$，它满足 $F_{.count} / T_{.count} \geq$ Minsupport，其中 $F_{.count}$ 是 T 中包含 F 的事务数，然后从 F 中找出蕴含式 $I_1 \rightarrow I_2$，它满足 $(I_1, I_2)_{.count} / X_{.count} \geq$ Minconf，并且 $I_1 = F - I_2$。则 F 集合为频繁项目集，假如 F 中的元素个数为 k，频繁项目集 F 为 k-频繁项目集。

挖掘关联规则的方法很多，最简单的方法就是穷举项集的所有组合，并测试每个组合是否满足条件。假设一个元素个数为 n 的项集的组合个数为 2^n-1（不含空集），则所需要的时间复杂度为 $O(2^N)$。但在实际应用中，即便是普通的超市，其商品的项集数也在万数量级以上，用指数时间复杂度的算法不能在可接受的时间内解决问题。怎样快速挖掘出满足条件的关联规则是关联挖掘需要解决的主要问题。

仔细想一下会发现，对{啤酒→尿布}、{尿布→啤酒}这两个规则的支持度，实际上只需要计算{尿布,啤酒}的支持度，即它们交集的支持度。

下面通过一个案例，按照 4.1.2 节关联规则挖掘问题划分的两个子问题，分别对频繁项集产生和强关联规则产生两个问题进行分析。

案例思考：顾客购买商品的数据库表如表 4-2 所示，该表是顾客购买记录的数据库 D，包含（___）个事务。项集 I=（_____）。考虑关联规则：{网球拍→网球}，事务 1,2,3,4,6 包含网球拍，事务 1,2,6 同时包含网球拍和网球，支持度 Support=（_____），置信度 Confident=（_____）。若给定最小支持度 $\alpha=0.5$，最小置信度 $\beta=0.8$，关联规则{网球拍→网球}（__是 或 否__）有趣的，购买网球拍和购买网球之间（__是 或 否__）存在关联。

表 4-2　顾客购买商品的数据库表

TID	网 球 拍	网　　球	运 动 鞋	羽 毛 球
1	1	1	1	0
2	1	1	0	0
3	1	0	0	0
4	1	0	1	0
5	0	1	1	1
6	1	1	0	0

4.2.2　频繁项集产生

发现频繁项集是指发现所有的频繁项集，是形成关联规则的基础。通过用户给定的最小支持度 Minsupport，寻找所有支持度大于或等于 Minsupport 的频繁项集。如何迅速且高效地发现所有频繁项集，是关联规则挖掘的核心问题，也是衡量关联规则挖掘算法效率的重要标准。

频繁项集的产生方法有很多，其中"格结构（Lattice Structure）"常常被用来枚举所有可能的项集。图 4-1 显示了 $I=\{a,b,c,d,e\}$ 的项集格。一般来说，一个包含 k 个项的数据集可能产生（2^k-1）个频繁项集，不包括空集在内。由于许多实际应用中 k 的值可能非常大，需要探查的项集搜索空间可能是指数规模的。

寻找频繁项集的最基本的方式是逐个计算格结构内候选项集的支持度。这种方法需要将候选项集与事务逐个类比。图 4-1 所示为项集的格。

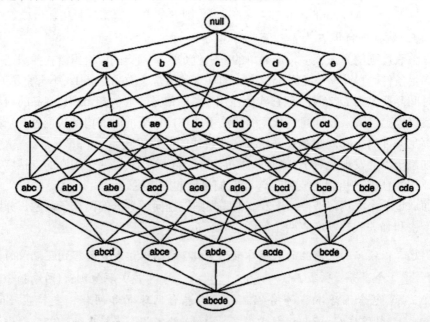

图 4-1　项集的格

依据的规则为假设候选项集存在于某个事务中，那么候选项集的支持度计数将增加。例如，从表 4-1 可以看出，项集{面包,尿布}出现在事务 2、4 和 5 里，那么支持度计数即为 3 次，但是这种方式的计算较为复杂，需要进行 $O(NMw)$ 次比较（其中 N 是事务数，$M=2^k-1$ 是候选项集数，而 w 是事务的最大宽度），对硬件的需求较大。因此，为了降低产生频繁项集的计数复杂度，从变量参数层面入手，有两种方法，一种是减少候选项集的数目 M，另一种是减少比较次数。

下面讨论如何依据 k-频繁项目集生成（$k+1$）-频繁项目集。首先要做的是找出 1-频繁项目集，这个很容易得到，只要循环扫描一次事务集合，统计出项目集合中每个元素的支持度，然后根据设定的支持度阈值进行筛选，即可得到 1-频繁项目集。

那么如何通过 k-频繁项目集生成（$k+1$）-频繁项目集呢？

假设某个项目集 $S=\{s_1, s_2, \cdots, s_n\}$ 是频繁项目集，那么它的（$n-1$）-非空子集 $\{s_1, s_2, \cdots, s_{n-1}\}$，$\{s_1, s_2, \cdots, s_{n-2}, s_n\}, \cdots, \{s_2, s_3, \cdots, s_n\}$ 必定都是频繁项目集，通过观察，任何一个含有 n 个元素的集合 $A=\{a_1, a_2, \cdots, a_n\}$，其（$n-1$）-非空子集必须包含 $\{a_1, a_2, \cdots, a_{n-2}, a_{n-1}\}$ 和 $\{a_1, a_2, \cdots, a_{n-2}, a_n\}$ 两项，对比这两个子集可以发现，它们的前（$n-2$）项是相同的，它们的并集就是集合 A。对于 2-频繁项目集，它的所有非空子集也必定是频繁项目集，那么根据上面的性质，对于任意一个 2-频繁项目集中，在其 1-频繁项目集中必定存在两个集合的并集与它相同。因此，在所有的 1-频繁项目集中找出只有最后一项不同的集合，将其合并，即可得到所有的包含两个元素的项目集，得到的这些包含两个元素的项目集不一定都是频繁项目集，所以需要进行剪枝。剪枝的办法是看它的所有非空子集是否在 1-频繁项目集中，如果存在非空子集不在 1-频繁项目集中，则将该 2 项集剔除。经过该步骤之后，剩下的全是频繁项目集，即 2-频繁项目集。依此类推，可以生成 3-频繁项目集。直至生成所有的频繁项目集。

关联规则挖掘所花费的时间主要是在生成频繁项集上，因为找出的频繁项集往往不会很多，利用频繁项集生成规则也就不会花太多的时间，而生成频繁项集需要测试很多的备选项集，如果不进行优化，所需的时间复杂度是 $O(2^N)$。

4.2.3　强关联规则

生成关联规则是指通过用户给定的最小可信度，在每个最大频繁项集中寻找可信度不小于 Minconfidence 的关联规则。

得到频繁项目集之后，则需要从频繁项目集中找出符合条件的关联规则。最简单的办法：遍历所有的频繁项目集，然后从每个项目集中依次取 1、2、$\cdots k$ 个元素作为后件，该项目集中的其他元素作为前件，计算该规则的置信度进行筛选即可。这样的穷举效率显然很低。假如对于一个频繁项目集 f，可以生成关联规则：

$$(f-\beta) \rightarrow \beta，$$

那么这条规则的置信度 = $f_{.count} / (f-\beta)_{.count}$。根据这个置信度计算公式可知，一个频繁项目集的 $f_{.count}$ 是不变的，而假设该规则是强关联规则，则 $(f-\beta_{sub}) \rightarrow \beta_{sub}$ 也是强关联规则，其中 β_{sub} 是 β 的子集，因为 $(f-\beta_{sub})_{.count}$ 肯定小于 $(f-\beta)_{.count}$。即给定一个频繁项目集 f，如果一条强关联规则的后件为 β，那么以 β 的非空子集为后件的关联规则都是强关联规则。所以可以先生成所有的 1-后件（后件只有一项）强关联规则，再生成 2-后件强关联规则，依此类推，直至生成所有的强关联规则[2]。

4.2.4 关联规则评价标准

本节主要介绍关联规则评价标准，即评价关联模式质量的标准，可以实现从量化的角度客观分析关联分析算法的优越性。

如图 4-1 所示，关联分析算法运行过程中会产生非常大的数据量，然而其中蕴含的信息量少。在确定的支持度和置信度阈值下，很少的数据集便会产生千万级的数据量，这在现在各行各业都呈现大数据的情况下很难保证算法的实时性。如何评价这些数据，选出有用的信息，是一件较为棘手的问题，建立一组被广泛接受的评价关联模式质量的标准显得尤为重要。

在某些特定情况下，仅凭支持度和置信度来衡量一条规则是完全不够的，对于数据的筛选力度也不足。因此，需要介绍更多的判断强关联规则的评价标准来满足实际需求。支持度和置信度并不能够成功滤掉那些人们不感兴趣的规则，因此需要一些新的评价标准。下面介绍 6 种评价标准，它们分别是相关性系数 lift、卡方系数、全置信度 all_confidence、最大置信度 max_confidence、Kulc 系数和 cosine 距离。

1．相关性系数 lift

引入正相关和负相关的机制，对于不是正相关的商品规则，可以用相关性系数 lift 过滤掉。对于规则 $A \to B$ 或者 $B \to A$，

$$\text{lift}(A,B) = P(A \bigcap B) / (P(A) * P(B)) ，$$

如果 $\text{lift}(A,B) > 1$ 表示 A、B 呈正相关，$\text{lift}(A,B) < 1$ 表示 A、B 呈负相关，$\text{lift}(A,B) = 1$ 表示 A、B 不相关（独立）。实际运用中，正相关和负相关都是我们需要关注的，而独立往往是不需要考虑的，两个商品都没有相互影响也就不存在强关联规则，$\text{lift}(A,B)$ 等于 1 的情形也很少，一般只要接近于 1，便认为是独立了。

2．卡方系数

卡方分布是数理统计学中的一个重要分布，利用卡方系数可以确定两个变量是否相关。卡方系数的定义：

$$\chi^2 = \sum \frac{(\text{observed} - \text{expected})^2}{\text{expected}} 。$$

其中，observed 表示数据的实际值，expected 表示期望值。卡方系数需要查表才能确定值的意义，这里需要一定的概率统计学知识。如果觉得不好理解，可以用其他的评价标准。

3．全置信度 all_confidence

全置信度的定义：

$$\text{all\_confidence}(A,B) = P(A \bigcap B) / \max\{P(A), P(B)\} = \min\{P(B|A), P(A|B)\}$$
$$= \min\{\text{confidence}(A \to B), \text{confidence}(B \to A)\} 。$$

4．最大置信度 max_confidence

最大置信度则与全置信度相反，它求的不是最小的支持度而是最大的支持度。

最大置信度的定义：

$$\text{max\_confidence}(A,B)=\max\{\text{confidence}(A{\rightarrow}B),\text{confidence}(B{\rightarrow}A)\},$$

相较于其他方法，最大置信度实用性较差。

5. Kulc 系数

Kulc 系数本质上是对两个置信度做一个平均处理，Kulc 系数的定义：

$$\text{kulc}(A,B)=(\text{confidence}(A{\rightarrow}B)+\text{confidence}(B{\rightarrow}A))/2。$$

6. cosine 距离

$$\text{cosine}(A,B)=P(A\cap B)/\text{sqrt}(P(A)*P(B))=\text{sqrt}(P(A|B)*P(B|A))$$
$$= \text{sqrt}(\text{confidence}(A{\rightarrow}B)*\text{confidence}(B{\rightarrow}A))。$$

◢ 4.3 关联规则的 Apriori 算法

关联规则最为经典的算法是"Apriori 算法"。本节主要介绍关联规则的 Apriori 算法。

Apriori 算法是以概率为基础的、挖掘布尔型关联规则频繁项集的经典算法，是由 R.Agrawal 和 R.Srikant 于 1994 年提出的原创性算法。由于算法使用频繁项集性质的先验知识，因此取名 Apriori（先验的）算法。该算法通过先产生候选项集，再通过原数据进行过滤的迭代方法来找出数据库中各项目的关系，基于最小支持度和最小置信度来形成关联规则。

4.3.1 知识回顾

由 4.2 节所知，关联规则的挖掘过程一般可以分为两个步骤：① 找出所有频繁项集；② 由频繁项集产生强关联规则。数据挖掘方法的效率和性能在很大程度上由第一步决定。

步骤①是近年来关联规则挖掘算法的研究重点。比较流行的方法是基于 Agrawal 等人建立的项目集格空间理论，其理论核心：如果某个项集是频繁的，那么它的所有子集也是频繁的。更常用的是它的逆否命题，即如果一个项集是非频繁的，那么它的所有超集也是非频繁的。

对于步骤②，在每个频繁大项集中逐一匹配规则并进行 $\text{Confidence}(I_1{\rightarrow}I_2)\geqslant$ minconfidence 的测试是每个算法必须要考虑的问题，因此这部分工作相对比较成熟。这里主要对完成步骤①找出所有频繁项集的方法进行研究。

为了提高频繁项集逐层产生的效率并有效地压缩搜索空间，学者提出了 Apriori 性质，它是指频繁项集的所有非空子集也必须是频繁的。根据此性质，如果项集 I 不满足最小支持度阈值 min_sup，那么 I 不是频繁的，即 $P(I)<$min_sup。

在搜索频繁项集时，Apriori 算法是一种常用的方法。Apriori 使用逐层搜索的迭代方法，即 k 项集用于探索$(k+1)$项集[3]。首先，通过扫描数据库累积每个项的计数，并收集满足最小支持度的项，找出频繁 1 项集的集合（记作 L_1），然后 L_1 用于找频繁 2 项集的集合 L_2，L_2 用于找频繁 3 项集的集合 L_3，如此下去，直到不能再找到频繁 k

项集。这里需要注意的是，找每个 L_k 时都需要一次数据库全扫描。

4.3.2 Apriori 算法的核心思想

Apriori 算法的核心思想主要体现在两个方面，即其两个关键步骤[4]，具体如下。

1. 连接步

为了找到频繁 k 项集 L_k，首先将 L_{k-1} 与自身连接，产生候选 k 项集 C_k，L_{k-1} 的元素是可连接的。

2. 剪枝步

候选 k 项集 C_k 是 L_k 的超集，因此，C_k 成员既可是频繁项集，也可以不是频繁集，但所有的频繁项集都包括在 C_k 中。扫描数据库，确定 C_k 中每一个候选的计数，从而确定 L_k（计数值不小于最小支持度计数的所有候选是频繁的，从而属于 L_k）。然而，C_k 可能很大，这样所涉及的计算量就很大。为了压缩 C_k，使用 Apriori 性质：任何非频繁的 $(k-1)$项集都不可能是频繁 k 项集的子集。因此，如果一个候选 k 项集的$(k-1)$项集不在 L_k 中，那么该候选项也不可能是频繁的，从而可以从 C_k 中删除。这种子集测试可以使用所有频繁项集的散列树快速完成。

4.3.3 Apriori 算法描述

算法 4-1 Apriori——发现频繁项目集

```
(1)    L1 = {large 1-itemsets};
(2)    FOR (k=2; Lk-1≠Φ; k++) DO BEGIN
(3)        Ck=apriori-gen(Lk-1);              //Ck 是 k 个元素的候选集
(4)        FOR all transactions t∈D DO BEGIN
(5)          Ct=subset(Ck,t);                 //Ct 是所有 t 包含的候选集元素
(6)            FOR all candidates c∈ Ct   DO
(7)              c.count++;
(8)        END
(9)        Lk={c∈ Ck |c.count≥minsup_count}
(10)   END
(11) Answer= ∪kLk;
```

算法 4-1 中调用了 apriori-gen(L_{k-1})，是为了通过（$k-1$）-频繁项集产生 k 候选集。算法 4-2 描述了 apriori-gen 过程。

算法 4-2 apriori-gen(L_{k-1})——候选集产生

```
(1)    FOR all itemset p∈ Lk-1 DO BEGIN
(2)        FOR all itemset q∈ Lk-1   DO BEGIN
(3)          IF p.item1=q.item1, ..., p.itemk-2=q.itemk-2, p.itemk-1 < q.itemk-1 THEN BEGIN
(4)              c= p∞q;                       //把 q 的第 k-1 个元素连到 p 后
(5)            IF has_infrequent_subset(c, Lk-1)   THEN
(6)              delete c;                     //删除含有非频繁项目子集的候选元素
```

```
(7)        ELSE add c to Ck;
(8)        END
(9)  Return Ck;
```

算法 4-2 中调用了 has_infrequent_subset(c, L_{k-1})，是为了判断 c 是否需要加入到 k 候选集中。依据 Agrarwal 的项目集格空间理论，含有非频繁项目子集的元素不可能是频繁项目集，因此应该裁减掉，以提高效率。例如，如果 L_2={AB,AD,AC,BD}，则新产生的元素 ABC 不需要加入到 C_3 中，因为它的子集 BC 不在 L_2 中；而 ABD 应该加入到 C_3 中，因为它的所有 2-项子集都在 L_2 中。算法 4-3 描述了这个过程。

算法 4-3　has_infrequent_subset(c, L_{k-1})——判断候选集的元素

```
(1)  FOR all (k-1)-subset s of c DO
(2)      IF s∉Lk-1 THEN
(3)          Return TURE;
(4)  Return FALSE;
```

Apriori 算法是通过项目集元素数目不断增长来逐步完成搜索频繁项目集的[5]。首先产生 1-频繁项集 L_1，然后是 2-频繁项集 L_2，直到不能再扩展频繁项集的元素数目而算法停止。在第 k 次循环中，过程先产生 k-候选项集的集合 C_k，然后通过扫描数据库生成支持度并测试产生 k-频繁项集 L_k。

下面给出一个样本事务数据库，如表 4-3 所示，并对它实施 Apriori 算法。

表 4-3　样本事务数据库

TID	Itemset	TID	Itemset
1	A，B，C，D	4	B，D，E
2	B，C，E	5	A，B，C，D
3	A，B，C，E		

对表 4-3 所示的事务数据库实施 Apriori 算法的执行过程如下（设 minsup_count≥2）。

（1）L_1 生成：生成候选集，并通过扫描数据库得到它们的支持数，C_1={(A,3), (B,5), (C,4), (D,3), (E,3)}；挑选 minsup_count≥2 的项目集组成 1-频繁项目集 L_1={A,B,C,D,E}。

（2）L_2 生成：由 L_1 生成 2-候选集，并通过扫描数据库得到它们的支持数 C_2={(AB,3), (AC,3), (AD,2), (AE,1), (BC,4), (BD,3), (BE,3), (CD,2), (CE,2), (DE,1)}；挑选 minsup_count≥2 的项目集组成 2-频繁项目集 L_2={AB, AC, AD, BC, BD, BE, CD, CE}。

（3）L_3 生成：由 L_2 生成 3-候选集，并通过扫描数据库得到它们的支持数 C_3={(ABC,3), (ABD,2), (ACD,2), (BCD,2), (BCE,2)}；挑选 minsup_count≥2 的项目集组成 3-频繁项目集 L_3={ABC, ABD, ACD, BCD, BCE}。

（4）L_4 生成：由 L_3 生成 4-候选集，并通过扫描数据库得到它们的支持数 C_4={(ABCD,2)}；挑选 minsup_count≥2 的项目集组成 4-频繁项目集 L_4={ABCD}。

（5）L_5 生成：由 L_4 生成 5-候选集 C_5=∅，L_5=∅，算法停止。

于是最大的频繁项目集为{ABCD, BCE}。

4.3.4 Apriori 算法评价

基于频繁项集的 Apriori 算法采用了逐层搜索的迭代的方法，算法简单明了，没有复杂的理论推导，也易于实现。但其有一些难以克服的缺点，具体如下。

（1）对数据库的扫描次数过多。在 Apriori 算法的描述中，每生成一个候选项集，都要对数据库进行一次全面的搜索。如果要生成最大长度为 N 的频繁项集，就要对数据库进行 N 次扫描。当数据库中存放大量的事务数据时，在有限的内存容量下，系统 I/O 负载相当大，每次扫描数据库的时间就会很长，这样其效率就非常低。

（2）Apriori 算法会产生大量的中间项集。Apriori_gen 函数是用 L_{k-1} 产生候选 C_k，所产生的 C_k 由多个 k 项集组成。显然，随着 k 的增大所产生的候选 k 项集的数量呈几何级数增加。例如，若频繁 1 项集的数量为 10^4 个，长度为 2 的候选项集的数量将达到 $5×10^7$ 个，如果要生成一个更长的规则，其需要产生的候选项集的数量将是难以想象的，如同天文数字。

（3）采用唯一支持度，没有将各个属性重要程度的不同考虑进去。在现实生活中，一些事务的发生非常频繁，而有些事务的发生则很稀少，这样对挖掘来说就存在一个问题：如果最小支持度阈值定得较高，虽然加快了速度，但是覆盖的数据较少，有意义的规则可能不被发现；如果最小支持度阈值定得过低，那么大量的无实际意义的规则将充斥在整个挖掘过程中，大大降低了挖掘效率和规则的可用性。这都将影响甚至误导决策的制定。

（4）算法的适应面窄。该算法只考虑了单维布尔关联规则的挖掘，但在实际应用中可能出现多维的、数量的、多层的关联规则。这时，该算法就不再适用，需要改进，甚至需要重新设计算法。

4.3.5 Apriori 算法改进

鉴于 Apriori 算法需要多次扫描数据库，在实际应用中，运行效率往往不能令人感到满意，尤其是当数据库较大时更为棘手。为了提高 Apriori 算法的性能和运行效率，许多专家对 Apriori 算法的改进展开了研究，形成了许多改进和扩展 Apriori 的方法。

改进算法的途径包括以下几个方面。

（1）通过减少扫描数据库的次数改进 I/O 的性能。

（2）改进产生频繁项集的计算性能。

（3）寻找有效的并行关联规则算法。

（4）引入抽样技术改进生成频繁项集的 I/O 的计算性能。

（5）扩展应用领域。如展开对定量关联规则、泛化关联规则及周期性的关联规则的研究[6]。

改进算法具体简要介绍如下。

1. 基于抽样技术

选取给定数据库 D 的随机样本 S，然后在 S 中搜索频繁项目集。样本 S 的大小要满足：只需要扫描一次 S 中的事务便可以搜索 S 中的频繁项目集。由于该算法搜索 S 中而不是 D 中的频繁项目集，可能会丢失一些全局频繁项目集。为了减少这种可能性，该算法使用比最小支持度低的支持度阈值来找出样本 S 中的频繁项目集（记作 LS）。然后，计算 LS 中每个项目集的支持度。有一种机制可以用来确定是否所有的频繁项目集都包含在 LS 中。如果 LS 包含了 D 中的所有频繁项目集，则只需要扫描一次 D，否则，需要第二次扫描 D，以找出在第一次扫描时遗漏的频繁项目集。

2．基于动态的项目集计数

该算法将数据库分成几块，对开始点进行标记，重复扫描数据库。与 Apriori 算法不同，该算法能在任何开始点增加新的候选项目集，在每个开始点处估计所有项目集的支持度，如果它的所有子集被估计为频繁的，那么增加该项目集到候选项目集中。如果该算法在第一次扫描期间增加了所有的频繁项目集和负边界到候选项目集中，它会在第二次扫描期间精确计算每个项目集的支持度。

3．基于划分的方法

PARTITION 算法首先将事务数据库分割成若干个互不重叠的子数据库分别进行频繁项集挖掘，然后将所有的局部频繁项集合并作为整个交易库的候选项集。扫描一遍原始数据库计算候选集的支持度。算法生成整个交易数据库的频繁项集只需要扫描数据库两次。

4．事务压缩

这是算法 Apriori-Tid 的基本思想：减少用于未来扫描的事务集的大小。如果在数据库遍历中将一些不包含 k-频繁项集的事务删除，那么在下一次循环中就可以减少扫描的事务量，而不会影响候选集的支持度阈值。

4.4 关联规则的 FP-growth 算法

上面介绍了关联规则挖掘的一些基本概念和经典的 Apriori 算法，在关联分析中，Apriori 算法是常用的频繁项集的挖掘方法，利用频繁集的两个特性过滤了很多无关的集合，效率提高不少。如 4.3 节所讲，Apriori 算法是一种候选消除算法，每一次消除都需要扫描一次所有数据记录，当数据集特别大时，需要不断地扫描数据集，造成运行效率很低。

下面介绍一种新的关联规则分析方法：FP-growth 算法（FP，Frequent Pattern，频繁模式）。FP-growth 算法基于 Apriori 构建，但采用了不同的数据结构以减少扫描次数，大大加快了算法速度。FP-growth 算法只需要对数据库进行两次扫描，而 Apriori 算法对于每个潜在的频繁项集都会通过扫描整个数据集来判定其是否频繁，因此 FP-growth 算法的速度要比 Apriori 算法快。

FP-growth 算法首先通过构造一个树结构 FP-tree 来映射数据集中的事务，再根据这棵树找出频繁项集，只需要对数据集进行两次扫描，就可以更高效地发现频繁项集。但 FP-growth 算法实现起来比较困难，在某些数据集上性能会下降，因而适用于离散型的数据类型。

FP-growth 算法发现频繁项集的基本步骤如下。

（1）构建 FP 树。

（2）从 FP 树中挖掘频繁项集。

下面具体分析一下这两个步骤。

4.4.1 构建 FP 树

FP-growth 算法将数据集的特点以一种树结构的方式存储，称为 FP-tree。FP-tree 是一种用于编码数据集的有效方式，树结构定义如下：

```
public class FpNode {
    String idName;                //id 号
    List<FpNode> children;        //子节点
    FpNode parent;                //父节点
    FpNode next;                  //下一个 id 号相同的节点
    long count;                   //出现次数
}
```

树的每一个节点 FpNode 代表一个项，项的内容包括 id 号 idName、子节点 children、父节点 parent、下一个 id 号相同的节点 next，以及该项的出现次数 count。

为了更好地理解 FP-tree 的构造方法，同样以表 4-1 为例，FP-tree 的构造过程演示如下（设最小支持度 minSupport 为 3）。

第一步：扫描整个数据库，对每项记录按照出现次数（频数）进行递减排序，按照支持度找出频繁项的列表 L。例如，扫描表 4-1 数据集，扫描得商品频数：面包-4，牛奶-4，尿布-4，啤酒-3，可乐-2，鸡蛋-1。由于鸡蛋和可乐出现的次数分别是 1 和 2，小于 minSupport，因此不是频繁项集，直接删除。

按照步骤一生成一级频繁项集，如表 4-4 所示。

表 4-4　一级频繁项集 L

Item	Count	Item	Count
面包	4	尿布	4
牛奶	4	啤酒	3

第二步：

（1）再次扫描数据库（也是最后一次扫描数据库），对于每一条交易记录，按照步骤一找出频繁项的列表 L 进行排序。例如，对于表 4-1，去掉"可乐"和"鸡蛋"项，按照表 4-4 的顺序重新排序之后，结果如表 4-5 所示。

表 4-5　重新排序表

TID	项　　集	TID	项　　集
1	{面包,牛奶}	4	{面包,牛奶,尿布,啤酒}
2	{面包,尿布,啤酒}	5	{面包,牛奶,尿布}
3	{牛奶,尿布,啤酒}		

（2）从数据库中取出事务，然后将每个项逐个添加到 FP-tree 的分枝上去，由每个事务不断地构建 FP-tree。FP-tree 的根节点标记为 null。表 4-5 中第一条记录：{面包,牛奶}，在根节点 null 下面新建一个节点，idName 为{牛奶}，将其插入根节点下，并设置 count 为 1，然后新建一个{面包}节点，插入{牛奶}节点下，并用箭头线连接起来，插入后如图 4-2 所示。

表 4-5 中第二条记录：{面包,尿布,啤酒}，由于根节点下已经有{面包}节点，只需要在面包下面加上{尿布,啤酒}节点，同时面包 count 的数量要加上 1。插入后，第一～第二条记录如图 4-3 所示。

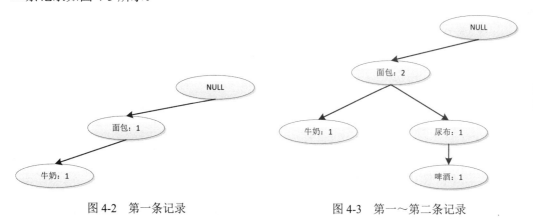

图 4-2 第一条记录　　　　　　　　图 4-3 第一～第二条记录

同理，将 5 条记录按照之前的规律依次放入 FP-tree 里面，第一～第五条记录都插入根节点之后，FP-tree 如图 4-4 所示。

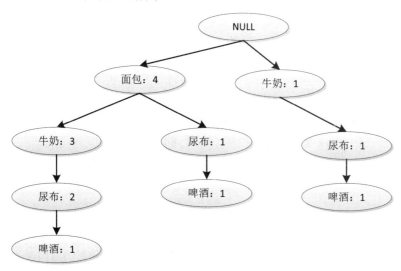

图 4-4 第一～第五条记录

最后，还需要增加一个表头（Header Table），将 FP-tree 中相同项（item）连接起来按降序排序，最后得到完整的 FP-growth 树，如图 4-5 所示。

至此，整个 FP-tree 就构造好了，下面分析 FP-growth 算法发现频繁项集的第二个基本步骤，即从 FP 树中挖掘频繁项集。

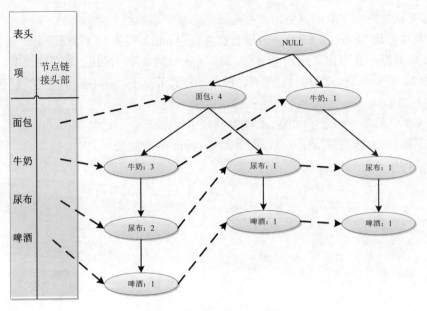

图 4-5 完整 FP-growth 树

4.4.2 从 FP 树中挖掘频繁项集

从第一步生成的 FP-growth 树中即可挖掘频繁项集，不再需要原始数据集了。挖掘是一个递归的过程，首先从表头的最后一个项开始，如图 4-5 所示，最后一项为{啤酒}。

（1）从表头最下面的相同项开始，构造每个相同项的条件模式基（Conditional Pattern Base，CPB）。

顺着表头中相同项的链表，指向某一相同项的前缀路径就是该相同项的条件模式基（CPB），从{啤酒}开始，顺着图 4-5 表头中相同项的链表，找出所有包含{啤酒}的前缀路径，然后找出每个含有{啤酒}节点的分支，分别为{面包,牛奶,尿布}:1（其中计数"1"表示出现的次数，即 1 次），{面包,尿布}:1，{牛奶,尿布}:1。所有这些 CPB 的频繁度（计数）为该路径上相同项的频繁度。如包含{啤酒}的其中一条路径是{牛奶,尿布}，该路径中{啤酒}的频繁度为 1。

依次，为剩下的相同项{尿布}、{牛奶}、{面包}分别找出其条件模式基 CPB，如表 4-6 所示。

表 4-6　条件模式基

序　　号	Item	CPB
1	啤酒	{面包,牛奶,尿布}:1，{面包,尿布}:1，{牛奶,尿布}:1
2	尿布	{面包,牛奶}:2，{面包}:1，{牛奶}:1
3	牛奶	{面包}:3，{}:1
4	面包	{}:4

（2）构造条件 FP-tree（Conditional FP-tree）。

累加每个 CPB 上相同项的频繁度（计数），过滤低于阈值的相同项，构建 FP-tree。例如，{啤酒}的 CPB{面包,牛奶,尿布}:1，{面包,尿布}:1，{牛奶,尿布}:1，{面包}:2，{牛

奶}:2,{尿布}:3,假设阈值为3,过滤掉{面包}和{牛奶}。因此,FP-tree
如图 4-6 所示。

（3）FP-growth：递归地挖掘每个条件 FP-tree，累加后缀频繁
项集，直到找到 FP-tree 为空或者 FP-tree 只有一条路径（只有一条路
径的情况下，所有路径上相同项的组合都是频繁项集）。可以证明（严
谨的算法和证明在此不进行叙述），频繁项集既不重复也不遗漏。

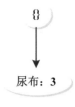

图 4-6 FP-tree

虽然 FP-growth 算法的平均效率远高于 Apriori 算法，但是它并不
能保证高效率，它的效率依赖于数据集。当数据集中的频繁项集没有公共项时，所有的
项集都挂在根节点上，不能实现压缩存储，而且 FP-tree 还需要其他的开销，需要更大的
存储空间。使用 FP-growth 算法前，首先需要分析数据，再决策是否采用 FP-growth 算法。

4.4.3 FP-growth 算法与 Apriori 算法的区别

（1）FP-growth 算法只能用来发现频繁项集，不能用来寻找关联规则。

（2）FP-growth 算法发现频繁项集的效率比较高，Apriori 算法对于每个潜在的频繁
项集都会通过扫描数据集来判定是否符合频繁项集的要求，FP-growth 算法只需要对数
据集进行两次扫描。这种算法的执行速度要快于 Apriori 算法，通常性能要好两个数量
级以上。

（3）FP-growth 算法基于 Apriori 算法构建，在完成相同任务时采用了一些不同技
术；发现频繁项集的基本过程：构建 FP 树→从 FP 树中挖掘频繁项集。

（4）FP-growth 算法一般要快于 Apriori 算法，但实现比较困难，在某些数据集上
性能会下降，该算法将数据存储在一种称为 FP 树的紧凑数据结构中。一棵 FP 树看上去
与计算机中的其他树结构类似，但是它通过链接（link）来连接相似元素，被连起来的
元素项可以看成一个链表。

与搜索树不同的是，一个元素项可以在一棵 FP 树中出现多次。FP 树会存储项集的
出现频率，而每个项集会以路径的方式存储在树中。存在相似元素的集合会共享树的一
部分。只有当集合之间完全不同的时候树才会分叉。树节点上给出集合中的单个元素及
其在序列中的出现次数，路径会给出该序列的出现次数。相似项之间的链接即节点链接
（node link），用于快速发现相似项的位置。

4.4.4 使用 Spark 实现 FP-growth 算法的训练

（1）添加临时 JAVA_HOME 环境变量。
首先，手动或者使用"一键搭建 spark"功能构筑好 spark 环境。登录 slave1 机，添
加临时 JAVA_HOME 环境变量。

```
[root@slave1 ~]# export JAVA_HOME=/usr/local/jdk1.8.0_161
```

单击"一键搭建"按钮等待搭建完成，通过 jps 命令验证 Spark 已启动。
（2）上传训练数据集。查看 HDFS 里是否已存在目录"/36/in"，若不存在，使用
下述命令新建该目录。

```
[root@slave1 ~]# /usr/cstor/hadoop/bin/hdfs dfs -mkdir -p /36/in
```

接着，使用下述命令将 slave1 机本地文件"/root/data/36/sample_fpgrowth.txt"上传至 HDFS 的"/36/in"目录：

```
[root@slave1~]#/usr/cstor/hadoop/bin/hdfsdfs-put/root/data/36/sample_fpgrowth.txt /36/in
```

最后，请确认 HDFS 上已经存在文件"sample_fpgrowth.txt"。从 slave1 上传训练数据集文件至 HDFS 的/36/in 目录中。

（3）执行 K-means 聚类算法。准备好输入文件后，下一步便是在 Spark 集群上执行 FP-Growth 程序（处理该数据集）。下面的处理代码参考自"http://spark.apache.org/docs/latest/mllib-linear-methods.html"，操作命令主要在 slave1 机上完成。

首先，在 slave1 机上使用下述命令，进入 Spark Shell 接口。

```
[root@slave1~]#/usr/cstor/spark/bin/spark-shell--master
spark://master:7077
```

进入 spark-shell 命令行执行环境后，依次输入下述代码，即完成模型训练。

```
import org.apache.spark.mllib.fpm.FPGrowth
import org.apache.spark.rdd.RDD
val data = sc.textFile("/36/in/sample_fpgrowth.txt")
val transactions: RDD[Array[String]] = data.map(s => s.trim.split(' '))
val fpg = new FPGrowth()
  .setMinSupport(0.2)
  .setNumPartitions(10)
val model = fpg.run(transactions)
model.freqItemsets.collect().foreach { itemset =>
  println(itemset.items.mkString("[", ",", "]") + ", " + itemset.freq)
}
val minConfidence = 0.8
model.generateAssociationRules(minConfidence).collect().foreach { rule =>
  println(
    rule.antecedent.mkString("[", ",", "]")
      + " => " + rule.consequent .mkString("[", ",", "]")
      + ", " + rule.confidence)
}
```

待模型训练结束后，即可在测试数据集上使用该模型，对测试样本进行分类。在 slave1 上进入 Spark-shell 命令行环境，输入 FP-Growth 模型训练的 scala 代码，查看结果。

4.5 实战：关联规则挖掘实例

4.5.1 关联规则挖掘技术在国内外的应用现状

就目前而言，关联规则挖掘技术已经被广泛应用在西方金融行业企业中，它可以成功地预测银行客户需求。一旦获得了这些信息，银行就可以改善自身营销策略。各银行在自己的 ATM 机上就捆绑了顾客可能感兴趣的本行产品信息，供使用本行 ATM 机的用户了解。同时，一些知名的电子商务站点也从强大的关联规则挖掘中受益。这些电子购物网站使用关联规则对规则进行挖掘，然后设置用户有意要一起购买的捆绑包。也有一些购物网站使用它们设置相应的交叉销售，也就是购买某种商品的顾客会看到相关的另外一种商品的广告。

就我国现状而言，虽然已逐步意识到数据的重要性，但"数据海量，信息缺乏"仍然是各行各业在大数据方面所面临的重要问题。尤其是当前的金融行业，对于大数据的处理仅仅停留在对数据库中数据进行录入、查询、统计等输入输出处理的阶段。在有效地挖掘数据中的关联规则、对数据的模式和特征进行分析、对商品数据的时序变化特征进行总结等方面，还没有进入深入的研究与实际应用阶段。

4.5.2 关联规则应用实例

给定一个事务数据库，如表 4-7 所示，采用 Apriori 算法生成该事务数据库的关联规则。设置信度为 2/3。

表 4-7 事务数据库

TID	项 目 列 表	TID	项 目 列 表
1	I_1, I_2, I_5	6	I_1, I_3
2	I_2, I_4	7	I_1, I_2, I_3, I_5
3	I_2, I_3	8	I_2, I_3, I_4
4	I_1, I_2, I_4	9	I_2, I_3, I_5
5	I_3, I_4	10	I_3, I_5

步骤一：产生频繁项集。先求频繁项集 L_1，然后逐步求出频繁项集 L_{k+1}，即执行 apriori-gen(L_k)。

（1）第 1 次迭代，产生 1-频繁项集 L_1，如表 4-8 所示。

表 4-8 Apriori 算法第 1 次迭代

① 候选 1-项集 C_1	候选 1-项集	② 计 数	S[%]	③ 1-频繁 项集 L_1	计 数	S[%]
{I_1}	{I_1}	4	40	{I_1}	4	40
{I_2}	{I_2}	7	70	{I_2}	7	70
{I_3}	{I_3}	7	70	{I_3}	7	70
{I_4}	{I_4}	4	40	{I_4}	4	40
{I_5}	{I_5}	4	40	{I_5}	4	40

说明：结果由三表组成。

（2）第 2 次迭代，产生 2-频繁项集 L_2，如表 4-9 所示。

（3）第 3 次迭代，产生 3-频繁项集 L_3，如表 4-10 所示。

步骤二：从频繁项集产生关联规则。由用户置信度 2/3 可以得出 Apriori 算法得到的强关联规则，如表 4-11 所示。

表 4-9 Apriori 算法第 2 次迭代

①				②			③		
候选 2-项集 C_2	候选 2-项集	计　数	$S[\%]$	2-频繁 项集 L_2	计　数	$S[\%]$
$\{I_1, I_2\}$	$\{I_1, I_2\}$	3	30	$\{I_1, I_2\}$	3	30
$\{I_1, I_3\}$	$\{I_1, I_3\}$	2	20	$\{I_1, I_3\}$	2	20
$\{I_1, I_4\}$	$\{I_1, I_4\}$	1	10	$\{I_1, I_5\}$	2	20
$\{I_1, I_5\}$	$\{I_1, I_5\}$	2	20	$\{I_2, I_3\}$	4	40
$\{I_2, I_3\}$	$\{I_2, I_3\}$	4	40	$\{I_2, I_4\}$	3	30
$\{I_2, I_4\}$	$\{I_2, I_4\}$	3	30	$\{I_2, I_5\}$	3	30
$\{I_2, I_5\}$	$\{I_2, I_5\}$	3	30	$\{I_3, I_4\}$	2	20
$\{I_3, I_4\}$	$\{I_3, I_4\}$	2	20	$\{I_3, I_5\}$	3	30
$\{I_3, I_5\}$	$\{I_3, I_5\}$	3	30			
$\{I_4, I_5\}$	$\{I_4, I_5\}$	0	0			

说明：结果由三表组成。

表 4-10 Apriori 算法第 3 次迭代

①				②			③		
候选 3-项集 C_3	候选 3-项集	计　数	$S[\%]$	3-频繁 项集 L_3	计　数	$S[\%]$
$\{I_1, I_2, I_3\}$	$\{I_1, I_2, I_3\}$	1	10	$\{I_1, I_2, I_5\}$	2	20
$\{I_1, I_2, I_5\}$	$\{I_1, I_2, I_5\}$	2	20	$\{I_2, I_3, I_5\}$	2	20
$\{I_1, I_3, I_5\}$	$\{I_1, I_3, I_5\}$	1	10			
$\{I_2, I_3, I_4\}$	$\{I_2, I_3, I_4\}$	1	10			
$\{I_2, I_3, I_5\}$	$\{I_2, I_3, I_5\}$	2	20			

说明：结果由三表组成。

表 4-11 Apriori 算法得到的强关联规则

①	②		③	
频繁项集	产生的规则	置信度	强关联规则	置信度
$\{I_1, I_2\}$	$I_1 \rightarrow I_2$	3/4	$I_1 \text{->} I_2$	3/4
$\{I_1, I_3\}$	$I_2 \rightarrow I_1$	3/7	$I_4 \text{->} I_2$	3/4
$\{I_1, I_5\}$	$I_1 \rightarrow I_3$	2/4	$I_5 \text{->} I_2$	3/4
$\{I_2, I_3\}$	$I_3 \rightarrow I_1$	2/7	$I_5 \text{->} I_3$	3/4
$\{I_2, I_4\}$	$I_1 \rightarrow I_5$	2/4	$I_1, I_2 \rightarrow I_5$	2/3
$\{I_2, I_5\}$	$I_5 \rightarrow I_1$	2/4	$I_1, I_5 \rightarrow I_2$	2/2
$\{I_3, I_4\}$	$I_2 \rightarrow I_3$	4/7	$I_2, I_5 \rightarrow I_1$	2/3
$\{I_3, I_5\}$	$I_3 \rightarrow I_2$	4/7	$I_2, I_5 \rightarrow I_3$	2/3
$\{I_1, I_2, I_5\}$	$I_2 \rightarrow I_4$	3/7	$I_3, I_5 \rightarrow I_2$	2/3
$\{I_2, I_3, I_5\}$	$I_4 \rightarrow I_2$	3/4		
	$I_2 \rightarrow I_5$	3/7		
	$I_5 \rightarrow I_2$	3/4		
	$I_3 \rightarrow I_4$	2/7		

频 繁 项 集	产生的规则	置 信 度	强关联规则	置 信 度
	$I_4 \rightarrow I_3$	2/4		
	$I_3 \rightarrow I_5$	3/7		
	$I_5 \rightarrow I_3$	3/4		
	$I_1, I_2 \rightarrow I_5$	2/3		
	$I_1, I_5 \rightarrow I_2$	2/2		
	$I_2, I_5 \rightarrow I_1$	2/3		
	$I_2, I_3 \rightarrow I_5$	2/4		
	$I_2, I_5 \rightarrow I_3$	2/3		
	$I_3, I_5 \rightarrow I_2$	2/3		

说明：结果由三表组成。

4.5.3 关联规则在大型超市中应用的步骤

下面进行实例介绍，分析关联规则在大型超市中的应用，通过分析结果得出超市商品的销售模式。大型超市的销售数据非常庞大且复杂多样，里面蕴含着丰富的信息。随着大数据挖掘技术的研究与发展，这些信息便能够通过不同的算法和方法进行挖掘。

为了达到更好的销售业绩以及设定更合理的商品价格，对以往产生的历史销售数据进行分析和数据挖掘，获取各种商品的销售数量、销售趋势等信息，是非常有必要的。同时，还能够获取各种商品销售之间的关联关系，从而对商品进行更合理的货篮分析和组合管理。

下面以某大型连锁超市 2017 年 1 月 3 日和 4 日的所有销售记录为例进行分析。该数据来源于该大型连锁超市收银台的收银信息。

1．数据描述及预处理

首先，通过 ODBC 连接 Access 数据库中的原始表格，原始数据如表 4-12 所示。

表 4-12　原始数据

流 水 编 号	单据录入时间	商品名称	销　　量	商品种类
201701030001	2017/1/3 8:03	散装鳊鱼	2.002	鱼类
201701030001	2017/1/3 8:03	精装金牌翅中	3.002	熟食类
201701030001	2017/1/3 8:03	散装黄芽菜	4.002	蔬菜
201701030002	2017/1/3 8:23	散装砂糖橘	5.002	水果
201701030002	2017/1/3 8:23	散装糖心苹果	6.002	水果
201701030003	2017/1/3 8:33	楼外楼糖醋里脊	7.002	家禽类
201701030004	2017/1/3 8:53	新鲜猪前腿肉	8.002	家禽类
201701030005	2017/1/3 9:11	散装大排	9.002	家禽类
201701030005	2017/1/3 9:11	散装大排	10.002	家禽类
201701030005	2017/1/3 9:11	散装大排	11.002	家禽类
201701030005	2017/1/3 9:11	散装大排	12.002	家禽类

续表

流水编号	单据录入时间	商品名称	销量	商品种类
201701030005	2017/1/3 9:11	散装汤骨	13.002	家禽类
201701030005	2017/1/3 9:11	新鲜夹心肉沫	14.002	家禽类
201701030005	2017/1/3 9:11	新鲜夹心肉沫	15.002	家禽类
201701030005	2017/1/3 9:11	新鲜夹心肉沫	16.002	家禽类
201701030005	2017/1/3 9:11	新鲜夹心肉沫	17.002	家禽类
201701030006	2017/1/3 9:23	散装钟华臭豆腐	18.002	熟食类
201701030006	2017/1/3 9:23	散装钟华炸素鸡	19.002	熟食类
201701030007	2017/1/3 9:53	祖名特白豆腐	20.002	熟食类
201701030007	2017/1/3 9:53	散装青菜	21.002	蔬菜
201701030007	2017/1/3 9:53	散装大白菜	22.002	蔬菜
201701030007	2017/1/3 9:53	湖羊鲜酱油	23.002	调味品
201701030008	2017/1/3 9:58	五桥玉米粉	24.002	粮油
201701030009	2017/1/3 9:58	散装土豆	25.002	蔬菜
201701030009	2017/1/3 9:58	光明牛奶	26.002	乳制品
201701030009	2017/1/3 9:58	散装萝卜	27.002	蔬菜

然后，通过编写 Access 数据库的查询语句（Select 语句）分别获得 CusCode（编号）和 itemname（物品名称）两列的具体内容，如表 4-13 和表 4-14 所示。

表 4-13 存放顾客 CusCode（编号）的数组

Cus	1	2	3	4	5	6	...
code	201701030001	201701030002	201701030003	20170130004	201701030005	201701030006	...

表 4-14 存放物品 itemname（物品名称）的数组

item	1	2	3	4	5	6	...
name	鱼类	熟食类	蔬菜	水果	盆菜	家畜类	...

最后，将数据库中的客户购买信息转化为 0-1 表（其中 1 代表购买，0 代表没有购买），结果如表 4-15 所示。

表 4-15 某超市顾客购买信息 0-1 表

Cus	item						
	1	2	3	4	5	6	...
1	1	1	1	0	0	0	...
2	0	0	0	1	0	0	...
3	0	0	0	0	1	0	...
4	0	0	0	0	0	1	...
5	0	0	0	0	0	1	...
6	0	1	0	0	0	0	...
...	...	...	...	...	...	...	...

2．计算结果及分析

根据超市中各种商品的销售量和顾客购买情况等信息设定最小支持度和最小置信度（不同的超市可以根据各自的实际情况设定不同的最小支持度和最小置信度）。这里设定最小支持度为 0.2，最小置信度为 0.7。

步骤一产生频繁项集和步骤二从频繁项集产生关联规则在这里就不进行一一阐述了。这两个步骤留给大家思考完成。

同时思考：是否可以编写商品名称和顾客编号 CusCode 的 0-1 表，同样设定最小支持度为 0.2，最小置信度为 0.7，通过关联规则分析得出的结果又是什么？

对顾客购买物品的关联规则的分析结果对该超市的物品摆放、顾客的购买模式研究、商品的进货及库存管理等方面都有一定指导意义，有助于该超市更好地满足顾客。

4.6 作业与练习

1．说明关联规则挖掘的目的和作用。

2．简要说明在频繁模式发现技术中，产生候选项集和不产生候选项集两种技术各自的特点和优缺点。

3．如表 4-1 所示，设定最小支持度 s=10%和 s=40%，置信度 c=70%，试分别计算该示例数据库中的频繁项集和规则。

4．练习使用 SQL Server 2005 的关联规则挖掘模型。

参考文献

[1] Manda P, Fiona M, Bridges S M. Interestingness measures and strategies for mining multi-ontology multi-level association rules from gene ontology annotations for the discovery of new GO relationships[J]. Journal of biomedical informatics, 2013, 46(5): 849-856.

[2] Jiawei H. Micheline K，等．数据挖掘概念与技术[M]．范明，孟小峰，译．北京：机械工业出版社，2011．

[3] 刘玉文．基于十字链表的 Apriori 算法的研究与改进[J]．计算机应用与软件，2012，29（5）：267-269．

[4] 吴斌，肖刚，陆佳炜．基于关联规则挖掘领域的 Apriori 算法的优化研究[J]．计算机工程与科学，2009，31（6）：116-118．

[5] Jun Z, Shuyou L, Hongyan M, Haixia L. A Method for Finding Implicating Rules Based on the Genetic Algorithm[C]. International Conference on Natural Computation, 2007: 400-405.

[6] 胡吉明，鲜学丰．挖掘关联规则中 Apriori 算法的研究与改进[J]．计算机技术与发展，2006，16（4）：99-101．

第 5 章

综合实战——日志的挖掘与应用

对于计算机系统运维人员来说，日志是最熟悉不过的名词了，人们所管理的系统包括设备、系统、应用程序等，可以说是时时刻刻都在源源不断地产生大量的日志。无数的 IT 实践表明，健全的日志记录和日志挖掘分析是快速响应解决系统安全事故并确保系统可靠运行及优化的基础。作为数据挖掘的一种典型应用，本章将通过介绍日志概念、日志处理和日志分析原理及工具，来展示日志挖掘在安全运维、系统健康、业务分析设计中所取得的良好应用效果。

5.1 日志的概念

15 世纪末到 16 世纪初，欧洲人横渡大西洋到达美洲，绕道非洲南端到达印度，宣告人类第一次环球航行取得成功，这是"地理大发现"时代的重大成就。现代航海相对来说进步很多。航行期间，由值班驾驶员按时记载船舶在航行和停泊过程中的主要情况，包括航向、航速、航位、气象、潮流、海面和航道情况、燃料消耗、旅客上下、货物装卸以及船舶在航行和停泊时所发生的重大事件等。该记录被称为"ship's log"，它是船舶日常工作的记录，是检查船员值班责任的依据，也是处理海事时所必须引用且能在法律上起作用的原始资料。

计算机兴起后也借鉴了"log"的概念，用于记录计算机日常运行过程中的"重大事件"。汉语中使用"日志"与之对应。日志：每天记录。《周礼》注："志，古文识。识，记也。"

5.1.1 日志是什么

所谓日志（Log），是指系统所指定对象的某些操作和其操作结果按时间有序的集合。

日志数据的核心就是简单的日志消息。日志消息是计算机系统、设备、软件等为响应触发事件而记录的信息。而触发事件的定义则很大程度上取决于日志消息的来源[1]。

日志数据可详细列出应用程序的信息、系统性能或用户活动等。

几乎所有的计算机相关的设备、系统、网络、应用都会产生日志。

5.1.2　日志能做什么

在很多企业里，日志没有受到足够的重视，其原因众多。首先，因服务费问题，大多数供应商无意让终端用户完全掌握日志信息；其次，终端用户由于能力、时间等因素没有对大量日志进行深度分析的原动力；再次，日志分析的方法相当复杂，其常用的正则语法就难以掌握；最后，日志分析工具的选用、搭建、架构需要较深厚的技术功底。

日志能用来做什么？

1．故障定位

日志中，常使用 info、warning、error、critical 等标注计算机组件的运行状态。通过查找关键字，能够较容易地定位故障原因。如在 Oracle 数据库日志信息中可通过搜索引擎查找关键字"ORA-6504"，定位故障为"宿主游标变量与 PL/SQL 变量有不兼容行类型"。

```
ORA-6504 Rowtype-mismatch
```

2．资源管理

日志记录了计算机组件在时间序列上的运行状态，其中也包括性能容量。如 RHEL（RedHat Enterprise Linux）/var/log/message 中有类似信息：

```
Mar 22 23:28:02 localhost kernel: Memory: 968212k/1048576k available (6764k kernel code,
524k absent, 79840k reserved, 4433k data, 1680k init)
```

该日志信息详细地描述了实时 Memory 的使用情况。优化资源管理的目标是找出待优化程序的瓶颈，常见手段就是利用优化软件分析系统运行生成的日志信息，跟踪到待优化程序的每个执行步骤消耗的运行时间、内存、CPU 利用率等参数，从而找到瓶颈，优化资源管理。

3．入侵检测

日志分析常被用于被动攻击的分析和防御中，IDS、IPS 就是常见的入侵检测和防护工作。通过对网络日志的实时检测、分析可以断定和寻找攻击源，从而找到有效的抵御措施。根据日志分析对 IPS 设备的策略进行了相应调整，加强了特定时间段的防御规则，并针对弱口令等主要事件进行了定期检测整改，降低了危险事件的数量。

4．取证审计

各个行业都有审计安全的需求，通过日志进行调查取证和审计是其中一个重要的组成部分，内控与合规审计越来越受到企业和相关监管部门的重视，法规遵从、企业内控成为 IT 业界的热点话题和发展趋势。

大部分数据中心运维使用统一用户登录平台，常称为"堡垒机"。堡垒机除了集中管理操作人员权限外，最重要的功能模块为审计。堡垒机详细记录何时、何地、何人、登录何服务器做何操作，记录可以是录屏（视频）、录音（音频）、数据文件、字符等。这些记录能够有效地还原操作现场，用于取证和审计。

5. 数据挖掘

日志是数据挖掘的基础信息，使用日志进行故障排除、资源管理、入侵检测和取证审计仅为日志使用的初级阶段。可通过基础日志检索、降噪、抽样、聚类、回归等手段对数据进行预处理，进而录入数据仓库并根据数据模型进行关联分析构成数据立方体等，深度挖掘数据价值。

例如，用户在某宝上浏览了"adidas Crazy 1 Kobe 1 全明星篮球鞋"，浏览日志被记录在"我的足迹"，通过检索分析后网站向用户推荐"福州款""虎扑款""国外代购款""天猫款"篮球鞋。同时，根据模型分析认为用户可能是科比-布莱恩特球迷，并推荐湖人队球衣、科比打火机、科比公仔、总冠军戒指仿品等。关联分析认为，用户应该是"80 后"，已参加工作并有一定的经济基础，同时推荐马自达 Axela 汽车等。

⚠5.2 日志处理

日志处理过程可以初步划分为产生日志、传输日志、存储日志和分析日志 4 个阶段，如图 5-1 所示。

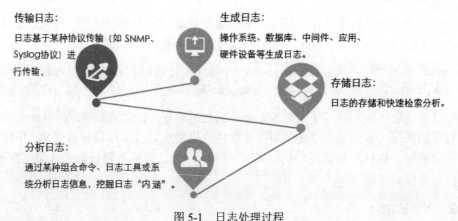

图 5-1 日志处理过程

5.2.1 产生日志

绝大多数 IT 设备均会产生日志，举例如下。
- ❑ 操作系统，如 Linux、Windows、AIX 等。
- ❑ 硬件服务器，如大型机、小型机、PC Server、打印机等。
- ❑ 网络设备，如路由器、交换机、F5 等。
- ❑ 安全设备，如防火墙、防病毒系统等。
- ❑ 数据库，如 Oracle、DB2、MySQL、PostgreSQL 等。
- ❑ 中间件，如 Apache、WebLogic、MQ 等。

5.2.2　传输日志

日志一旦产生，如无进一步分析需求，将随着时间的推移，在本地根据日志保留策略自行消亡。5.1.2 节阐述了日志在实际工作中的用途，管理员也无法逐个设备分析大量的日志信息，为了最大程度地发挥日志的作用，绝大多数数据中心设有日志记录系统，通过网络集中收集各类日志数据。

日志常用传输协议有 syslog UDP、syslog TCP、SOAP、SNMP、FTP、SFTP、NFS 等。日志传输有"拉"和"推"两种模式，如图 5-2 所示。

图 5-2　日志传输的两种模式

1. 拉

日志记录系统从设备中拉取日志数据。该方式一般基于 C/S 模型。通常以专有格式保存日志数据。例如，拉取 CheckPoint 防火墙日志。

2. 推

设备向日志记录系统推送日志数据。类 UNIX 操作系统设计有 syslog（或 syslog-ng、rsyslog）。syslog 通过使用 UNIX 域数据报套接字（/dev/log）、UDP 协议 514 端口（syslog-ng、rsyslog 支持 TCP 协议）或特殊设备/dev/klog（读取内核消息）接收来自应用程序和内核的日志记录，如图 5-3 所示。

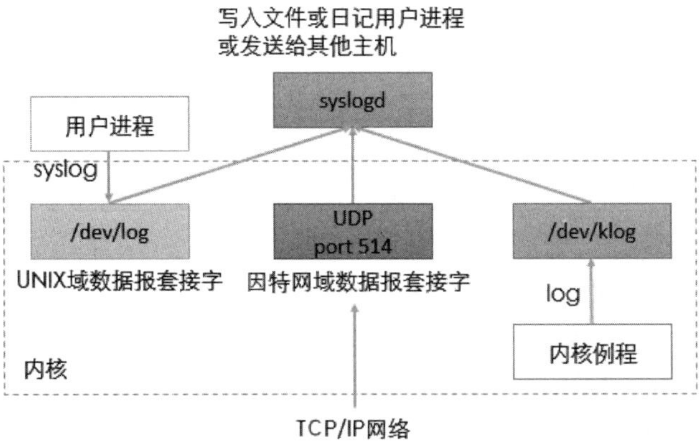

图 5-3　syslog 的发送模式

（1）syslog 设施（Facility）。

syslog Facility 解析如表 5-1 所示。

表 5-1　syslog Facility 解析

设　　施	设 施 码	描　　述
kern	0	内核日志消息
user	1	随机的用户日志消息
mail	2	邮件系统日志消息
daemon	3	系统守护进程日志消息

续表

设　施	设施码	描　述
auth	4	安全管理日志消息
syslog	5	syslogd 本身的日志消息
lpr	6	打印机日志消息
news	7	新闻服务日志消息
uucp	8	UUCP 系统日志消息
cron	9	系统始终守护进程 crond 的日志消息
authpriv	10	私有的安全管理日志消息
ftp	11	ftp 守护进程日志消息
	12～15	保留为系统使用
	16～23	保留为本地使用

（2）syslog 级别（Severity）。

syslog Severity 解析如表 5-2 所示。

表 5-2　syslog Severity 解析

级　别	级别码	描　述
emerg	0	系统不可用
alert	1	必须马上采取行动的事件
crit	2	关键的事件
err	3	错误事件
warning	4	警告事件
notice	5	普通但重要的事件
info	6	有用的信息
debug	7	调试信息

（3）syslog 动作。

syslog 动作指示信息发送的目的地，各动作具体作用如下。

❑ /<filename>：发送给日志文件的绝对路径。

❑ @<host>：发送给远程 syslog 服务器 IP 或域名。

❑ <user>：发送给指定的用户。

❑ *：发送给所有用户。

（4）syslog 消息的组成。

syslog 消息由 PRI（=Facility×8+Serverity）、HEADER（时间+主机名/IP）、MSG（TAG+Content）组成，如图 5-4 所示。

PRI　　HEADER　　　　　　　　　　　MSG

图 5-4　syslog 消息的组成

（5）syslog 客户端配置。

编辑/etc/syslog.conf 文件，过程如下。

① kern.* /dev/console 将所有级别的内核日志发送到终端。

② ./var/log/messages 将所有类型、所有级别的日志记录到/var/log/messages 文件。

③ *.info;mail.none;authpriv.!err -/var/log/messages 所有 info 级别以上的信息（不包括 mail 类型的所有级别和 authpriv 类型的 err 级别信息），记录到/var/log/messages 文件，不立即写入。

④ kern.*@1.1.1.1 将所有级别的内核日志发送到远程 syslog 服务器（1.1.1.1）。

小结："推"是一种建立在客户服务器上的机制，是由服务器主动将信息发往客户端的技术。与传统的拉技术相比，最主要的区别在于，"推"是由服务器主动向客户机发送信息，而"拉"则是由客户机主动请求和索取信息。"推"的优势在于信息的主动性和及时性。

事实上，今天互联网技术在对信息的处理过程中，"推"与"拉"两种模式是交叉进行的。没有绝对地"推"或"拉"。例如，一些电商经常"推"送一些购物打折广告到用户的电子邮箱。同时，如果用户主动去电商网站搜索"拉"取所需要的物品。电商都会将其查询信息记录下来，根据用户兴趣爱好定期向用户发送相关的商品介绍，或者当用户没有找到此次查询的东西，电商会在下次有"你想要的"东西时通知用户，这都是电商为用户提供的定制化服务。这是一种用户先"拉"，网站后"推"的信息服务模式，可谓推中有拉，拉中有推。

5.2.3　存储日志

日志的集中存储和快速检索是实际工作中的一个关键问题。在数据中心，各类应用日志以 TB、PB 级增长。日志通常以如下几种方式存储。

1. 文本格式存储

大部分流行的应用都采用基于文本的日志文件格式，如前面提到的 syslog。文本格式的存储日志消耗系统资源较少；以人类可读写的格式存在，可方便地使用 vi、vim、grep、awk、sed 等常用系统命令查阅和编辑；存储方式技术难度低。

当数据量较大时，系统仅按照"流水账"形式将日志信息记录在文本文件中，无法快速排序、查找、检索。常见解决方法是将日志以某种规则组织到分割的文件中，此时日志的格式称为索引扁平文本格式，如 Linux 系统的 apache 日志存储文件可配置为

```
ErrorLog "| /usr/local/apache/bin/rotatelogs /home/logs/www/%Y_%m_ %d_error_log 86400 480"
CustomLog "| /usr/local/apache/bin/rotatelogs /home/logs/www/%Y_%m_ %d_access_log 86400 480" common
```

注：%Y_%m_%d 代表 year（年，2017）_month（月，02）_day（日，21）。

2. 二进制格式存储

二进制格式的日志文件是应用程序生成的机器可读写的日志文件。二进制日志存储格式对磁盘空间的利用率上很高，同等数据量分别使用文本格式存储日志和使用二进制格式存储日志,前者消耗的磁盘空间是后者的近 10 倍。AIX 操作系统/var/ adm/ras/errlog,

该日志记录了系统所检测到的软硬件故障和错误，尤其对系统的硬件故障有极大的参考价值。使用不同的命令查看该日志，结果如下。

使用 more、tail 或 vi 等文本查看命令查看（是乱码）：

```
root@XXX:/var/adm/ras>tail errlog
W_8disk2107T€
```

使用 AIX 系统命令 errpt 查看：

```
root@XXX:/var/adm/ras>errpt
IDENTIFIER TIMESTAMP   T C RESOURCE_NAME   DESCRIPTION
DCB47997    0413021017 T H hdisk0          DISK OPERATION ERROR
4B436A3D    0413021017 T H fscsi3          LINK ERROR
DCB47997    0213082017 T H hdisk1          DISK OPERATION ERROR
......
```

3. 压缩文件格式存储

文本格式的存储日志方便查看，但占用空间大；二进制格式的存储日志占用空间小，但不方便查看。如何综合两种格式的优点呢？

应该以文本格式记录日志（易查看），以压缩文件格式存储日志（省空间）。

压缩率（Compression Ratio）是描述文件压缩效果的数字，其数值是文件压缩后的大小与压缩前的大小之比。例如，大小为 100 MB 的文件压缩后大小变为 90 MB，压缩率为 $90/100×100\%=90\%$，压缩率一般是越小越好，但是压得越小，解压时间越长。

可认为，类 UNIX 操作系统上文本文件使用 tar.gz 格式可按照 10%的压缩率压缩。

4. 数据库存储

前面叙述的日志存储格式有快速、高效的特点。但需要对日志做复杂摘要报告、过滤或者日志关联分析时，就无法满足需求了。将日志信息按照某种规则写入数据库，可满足该类需求。

将日志写入数据库之后，可以使用标准 SQL 快速搜索、检索和关联查询日志信息；数据库系统具有成熟的用户权限管理系统；大多数数据库有特定专有工具方便查询操作；数据库系统提供了丰富的接口，可方便地开发日志分析前端工具（如日志查看 Web）。

但数据库存储日志也有风险存在，如增大了系统的开销，把日志写入数据库比写入磁盘慢，对磁盘的空间和性能需要也较高，日志数据库的搭建、维护成本较高，以及数据库可能因崩溃而造成数据丢失等。

5. Hadoop 存储

与传统文本、二进制、压缩文件、数据库格式这几类日志存储方式相比，Hadoop 存储是较新、较成熟的解决方案。大型的互联网公司，如谷歌、Facebook 都使用 Hadoop 来存储和管理它们庞大的数据集。Hadoop 也通过实际的应用证明了其五大优势：高可扩展性、低成本高效益、灵活性好、处理快、容错高。

HDFS（Hadoop Distributed File System）即 Hadoop 分布式文件系统是其核心组件[2]。HDFS 是一个能够面向大规模数据使用的，可进行扩展的文件存储与传递系统，是一种允许文件通过网络在多台主机上分享的文件系统,可让多机器上的多用户分享文件和存储空间。让实际上是通过网络来访问文件的动作,在用户看来,就像是访问本地的磁盘一般。即使系统中有某些节点脱机,整体来说,系统仍然可以持续运作而不会有数据丢失。

NameNode 和 DataNode 是 HDFS 的两个主要组件。

❑　NameNode:是整个文件系统的管理节点。功能包括整个文件系统文件目录树、文件/目录的元信息和每个文件对应的数据块列表,以及受理用户的操作请求。

❑　DataNode:提供真实文件数据的存储服务。

例如,客户端发送一个请求给 NameNode,表达它要将 facai.log 文件写入 HDFS,那么执行流程如图 5-5 所示。具体步骤如下。

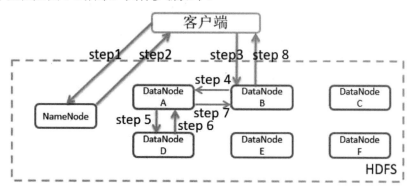

图 5-5　HDFS 文件的写入步骤

step1　客户端发消息给 NameNode,告知要将 facai.log 文件写入。

step2　NameNode 发消息给客户端,告知客户端将文件写入 DataNode A、B 和 D,并直接联系 DataNode B。

step3　客户端发消息给 DataNode B,令其保存一份 facai.log 文件,并且分别发送一份副本给 DataNode A 和 DataNode D。

step4　DataNode B 发消息给 DataNode A,令其保存一份 facai.log 文件,并且发送一份副本给 DataNode D。

step5　DataNode A 发消息给 DataNode D,令其保存一份 facai.log 文件。

step6　DataNode D 发确认消息给 DataNode A。

step7　DataNode A 发确认消息给 DataNode B。

step8　DataNode B 发确认消息给客户端,表示写入完成。

在分布式文件系统的设计中,挑战之一是如何确保数据的一致性。对于 HDFS 来说,直到所有要保存数据的 DataNode 确认它们都有文件的副本时,数据才被认为写入完成。因此,数据一致性是在写的阶段完成的。一个客户端无论选择从哪个 DataNode 读取,都将得到相同的数据。

HDFS 的读取具体步骤如图 5-6 所示。

step1　客户端询问 NameNode 它应该从哪里读取文件。

step2　NameNode 发送数据块的信息给客户端(数据块信息包含了保存着文件副本的 DataNode 的 IP 地址,以及 DataNode 在本地硬盘查找数据块所需要的数据块 ID)。

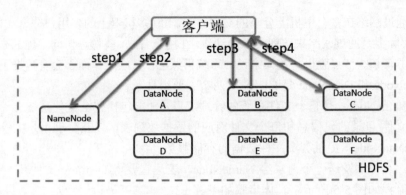

图 5-6   HDFS 文件读取步骤

step3   客户端检查数据块信息，联系相关的 DataNode，请求数据块。

step4   DataNode 返回文件内容给客户端，然后关闭连接，完成读操作。

客户端并行从不同的 DataNode 中获取一个文件的数据块，然后联结这些数据块，拼成完整的文件。

Hadoop 有传统数据库系统的许多优点，如无须在这个系统上使用特定的查询工具就能对日志快速检索；将检索请求分布到集群各节点，分流 I/O 压力的同时实现了更好的伸缩性；主要由 Java 构建，可开发工具实现了日志数据的实时查看和分析；HDFS 将数据存储为有结构的扁平文件，可比传统数据库更快地读写文件；作用于多个集群节点，数据冗余、容错性高。但目前支持 Hadoop 的日志工具是有限的。

5.2.4   分析日志

1. 日志包括哪些信息

分析日志前，有必要明确日志记录哪些信息。还记得叙述文四要素吗？单行日志一般包括如下内容。

❑   时间（When）：日志信息触发的时间点。

❑   地点（Where）：日志信息触发在何处，如服务器、网络设备、应用等。

❑   人物（Who）：日志信息触发的具体组件，通常可认为是 Where 的补充信息。

❑   事件（What）：触发了什么事件。

通过联系日志上下文，可分析得到如下内容。

❑   为什么发生（Why）：发生的原因。

❑   怎么样发生（How）：发生的过程。

日志包括的信息如图 5-7 所示。

图 5-7   日志包括的信息

注：根据日志编码的不同，日志内容六要素之间的界限不一定非常清晰，但一份好的日志应该尽量包括这些内容，便于后期日志分析。

2．简单的日志分析命令

类 UNIX 操作系统内置了多款命令，可以组合用于简单日常的日志信息分析。

（1）grep。

grep（Global Regular Expression Print）用于匹配文件内容包含指定范本样式的条目，并打印匹配到的条目。

相关命令：egrep、fgrep、rgrep。

格式：grep [options]。

常用参数：grep 常用参数如表 5-3 所示。

表 5-3　grep 常用参数

参　　数	描　　述
-c	只输出匹配行的计数
-I	不区分大小写（只适用于单字符）
-h	查询多文件时不显示文件名
-l	查询多文件时只输出包含匹配字符的文件名
-n	显示匹配行及行号
-s	不显示不存在或无匹配文本的错误信息
-v	显示不包含匹配文本的所有行

grep pattern 正则表达式常用参数如表 5-4 所示。

表 5-4　grep pattern 正则表达式常用参数

参　　数	描　　述
\	忽略正则表达式中特殊字符的原有含义
^	匹配正则表达式的开始行
$	匹配正则表达式的结束行
\<	从匹配正则表达式的行开始
\>	到匹配正则表达式的行结束
[]	单个字符，如[A]，即 A 符合要求
[-]	范围，如[A-Z]，即 A、B、C 一直到 Z 都符合要求
.	所有的单个字符
*	所有字符，长度可以为 0

以下是 grep 部分参数的应用范例。

① -c 匹配/etc/passwd 中包含字符串 nologin 的行并打印：

```
# grep -c nologin /etc/passwd
26
```

② -i 匹配/etc/passwd 中含有字符串 DNS/DNs/Dns/dns/Dns…的行并打印：

```
# grep -i dns /etc/passwd
avahi:x:70:70:Avahi mDNS/DNS-SD Stack:/var/run/avahi-daemon:/sbin/nologin
```

③ -v 匹配/etc/passwd 中不包含字符串 nologin 的行并打印：

```
# grep -v nologin /etc/passwd
root:x:0:0:root:/root:/bin/bash
support:x:1002:1002::/home/support:/bin/bash
```

④ ^匹配并打印所有以 d 开头的行：

```
# grep ^d /etc/passwd
daemon:x:2:2:daemon:/sbin:/sbin/nologin
dbus:x:81:81:System message bus:/:/sbin/nologin
```

（2）awk。

类 UNIX 系统中有强大的文本分析工具，并拥有自己的语法，可用于较复杂的日志分析。其名称来自作者：Alfred Aho、Peter Weinberger、Brian Kernighan。awk 可以简单地作为命令使用，同样也是强大的数据处理编程语言。数据输入可以是标准输入、文件或其他命令的输入。它逐行扫描输入，寻找匹配的特定模式行，在匹配行上完成操作，并打印。

学习使用 awk 前，必须明确"域"和"域分隔符"的概念。文件中被域分隔符分隔开的每列字符串称为一个"域"，默认情况下以空格或 tab 分隔。awk 可跟踪域的个数，并在内建变量 NF 中保存该值。

使用空格或 tab 分隔域（默认情况）如图 5-8 所示。

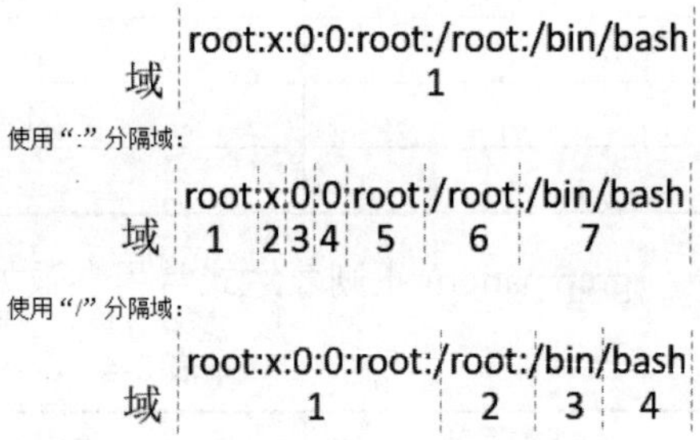

图 5-8 awk 的域分隔

相关命令：gawk、nawk。

格式：awk [options] 'script' var=value file(s)；

awk [options] –f scriptfile var=varlue files(s)。

常用参数：awk 常用参数如表 5-5 所示。

表 5-5　awk 常用参数

命 令 选 项	描　　述
-F fs or --field-separator fs	指定输入文件分隔符，fs 是一个字符串或者正则表达式，如-F ""
-v var=value or --assign var=value	为 awk_script 设置变量
-f scriptfile or --file scriptfile	从脚本文件中读取 awk 命令

常用变量：awk 常用变量如表 5-6 所示。

表 5-6　awk 常用变量

内 置 变 量	描　　述
$n	当前记录的第 n 个字段，字段间由 FS 分隔
$0	完整地输入记录
ARGC	命令行参数个数

内 置 变 量	描　　述
ARGV	命令行参数排列
ENVIRON	支持队列中系统环境变量的使用
FILENAME	awk 浏览的文件名
FNR	浏览文件的记录数
FS	设置输入域分隔符，等价于命令行-F 选项
NF	浏览记录的域的个数
NR	已读的记录数
OFS	输出域分隔符
ORS	输出记录分隔符
RS	控制记录分隔符

常用运算符：awk 常用运算符如表 5-7 所示。

表 5-7　awk 常用运算符

运 　算 　符	描　　述
= += -= *= /= %= ^= **=	赋值
:	C 条件表达式，Java 三元表达式
‖ &&	逻辑或，与
~ ~!	匹配正则表达式和不匹配正则表达式
< ≤ > ≥ != ==	关系运算符
+ - * / &	加、减、乘、除与求余
++ -- in $　$ in	增加或减少，作为前缀或后缀 $字段引用 in 数组成员

以下是 awk 实际应用的范例。

打印/etc/passwd 第一个域：

```
# awk   -F ':'   '{print $1}'
root
daemon
bin
sys
……
```

统计/etc/passwd 的文件名，每行的行号，每行的列数，对应的完整行内容：

```
#   awk  -F ':'  '{print "filename:" FILENAME ",linenumber:" NR ",columns: " NF ",linecontent:"$0}'
/etc/passwd
filename:/etc/passwd,linenumber:1,columns:7,linecontent:root:x:0:0:root:/root:/bin/bash
filename:/etc/passwd,linenumber:2,columns:7,linecontent:bin:x:1:1:bin:/bin:/sbin/nologin
filename:/etc/passwd,linenumber:3,columns:7,linecontent:daemon:x:2:2:daemon:/sbin:/sbin/nologin
filename:/etc/passwd,linenumber:4,columns:7,linecontent:mail:x:8:12:mail:/var/spool/mail:/sbin
/nologin
```

统计/etc/passwd 的账户人数：

```
#  awk '{count++;print $0;} END{print "user count is ", count}' /etc/passwd
root:x:0:0:root:/root:/bin/bash
......
user count is   40
```

BEGIN 模块：

BEGIN 模块后紧跟 Action 模块，在 awk 处理任何输入文件之前执行。通常用于改变内建变量的值，例如，域分隔符（FS）被设为冒号，输出文件分隔符（OFS）被设置为制表符，输出记录分隔符（ORS）被设置为换行符：

```
# awk 'BEGIN{FS=":"; OFS="\t"; ORS="\n"}{print $1,$2,$3} /etc/passwd
```

END 模块：

END 虽然不匹配任何的输入文件，但是执行动作块中的所有动作，它在整个输入文件处理完成后被执行。例如，打印所有被处理的记录数：

```
# awk 'END{print "The number of records is" NR}' test
```

AWK 流程控制：

if 条件语句：if(expression){action1}else{action2}。例如，产生 10 个数 seq 10，通过 if 语句判断是单数还是双数：

```
# seq 10 |awk '{if($0%2==0){print $0"是双数"}else{print $0"是单数"}}'
```

while 循环语句：while(expression){action}。例如，分割/etc/passwd，并将每一列前加上列号：

```
# awk -F: '{i=1;while(i<=NF){print i":"$i;i++ }}' /etc/passwd
```

for 语句 1：for(i=0;i<=10;i++){action}。例如，分割/etc/passwd，并将每一列前加上列号：

```
# awk -F: '{for(i=1;i<=NF;i++){print i":"$i}}' /etc/passwd
```

for 语句 2：or(value in array){action}。例如，统计/etc/passwd 第 5 列的值及对应的个数：

```
# awk -F: '{a[$5]++}END{for(i in a)if(i!=""){print i":"a[i]}}' /etc/passwd
```

数组：awk 中数组的下标可以是数字和字母，称为关联数组。例如：

```
array[1]= "Baggio"
array[2]= "Batistuta"
array["name"]="Hercules"
```

重定向：使用 shell 的重定向符可以进行重定向输出。例如，若打印第一个域的值等于 100，则将它输出到 100.output 中：

```
# awk '$1 = 100 {print $1 > "100.output" }'
```

管道：输出重定向需用到 getline 函数。getline 从标准输入、管道或者当前正在处理的文件之外的其他输入文件处获得输入。它负责从输入获得下一行的内容，并给 NF、NR 和 FNR 等内建变量赋值。例如，执行 Linux 的 date 命令，并通过管道输出给 getline，然后将输出赋值给自定义变量 d，并打印它：

```
#  awk 'BEGIN{ "date" | getline d; print d}'
```

awk 内建函数：

① 常用字符串函数：awk 常用字符串函数如表 5-8 所示。

表 5-8　awk 常用字符串函数

函 数 格 式	描　　述
sub("要替换的字符串","替换后的字符串值")	替换匹配到的第一个文本
gsub("要替换字符串","替换后字符串")	开启全局替换，替换文本中所有匹配到的字符串
index("a","b")	返回字符串 b 在字符串 a 中开始的位置
length("s")	返回字符串 s 的长度，当没有指定 s 时，返回$0 的长度
match("s","r")	若正则表达式 r 在 s 中匹配到，则返回出现的起始位置，否则返回 0
split(s,a,sep)	使用 sep 将字符串 s 分解到数组 a 中，默认 sep 为 FS
toupper(s)	将所有小写字母转换成大写字母
tolower(s)	将所有大写字母转换成小写字母

例如：

```
# echo "hello world" |awk '{print toupper($0)}'
```

② 数学函数：awk 常用数学函数如表 5-9 所示。

表 5-9　awk 常用数学函数

函 数 名 称	返　回　值	函 数 名 称	返　回　值
atan2(x,y)	y,x 范围内的余切函数	sin(x)	正弦函数
cos(x)	余弦函数	sqrt(x)	平方根
exp(x)	求幂	srand(x)	x 是 rand()函数的种子
int(x)	取整	int(x)	取整，过程没有舍入
log(x)	自然对数	rand()	产生一个大于等于 0 而小于 1 的随机数
rand()	随机数		

③ 自定义函数：awk 可自定义函数，格式如下。

function 函数名(参数 1,参数 2,...){语句;return 表达式}。例如：

```
awk 'function sum(a,b){total=a+b;return total}BEGIN{print sum(2,3)}'
```

④ How-to：将一行竖排的数据转换成横排。例如：

```
# awk '{printf("%s,",$1)}' /etc/passwd
```

（3）sed。

一种在线编辑器，主要用来自动编辑一个或多个文件，可简化对文件的反复操作，可编写转换程序等。

格式：sed [options] 'command' {script-only-if-no-other-script} [input-file]。

常用参数：sed 常用参数如表 5-10 所示。

表 5-10　sed 常用参数

参　　数	描　　述	参　　数	描　　述
-n	silent 模式，只打印经过 sed 特殊处理的行	-r	预设基础正规表达式语法
-e	指令列模式上进行 sed 动作编辑	-i	直接修改读取文件内容，不在屏幕打印
-f	将 sed 的动作写在文件内		

常用命令：sed 常用命令如表 5-11 所示。

表 5-11　sed 常用命令

命　　令	描　　述	命　　令	描　　述
a\	在当前行下面插入文本	d	删除选择的行
i\	在当前行上面插入文本	p	打印模板块的行
c\	把选定的行改为新的文本	s	替换指定字符

以下是 sed 实际应用的范例。

删除/tmp/passwd 第一行：

```
# sed '1d' /tmp/passwd
```

删除/tmp/passwd 匹配行：

```
# sed -i '/匹配字符串/d' /tmp/passwd
```

在/tmp/passwd 最后一行直接插入"END"：

```
# sed -i '$a END' /tmp/passwd
```

替换/tmp/passwd 中的 nologin 为 bash，例如：

```
# sed -i 's/nologin/bash/g' /tmp/passwd
```

（4）head/tail。

head 命令用于查看具体文件的前几行内容，tail 命令用于查看文件的后面几行内容。它们用来显示开头或结尾某个数量的文字区块。

格式：head [-n] file；

tail [+/-n] [options] file。

以下是 head/tail 实际应用的范例。

查看动态刷新的文件：

```
# tail -f /var/log/messages
```

匹配 Linux 操作系统/etc/passwd 前 10 行中含有"nologin"的行：

```
# head -n 10 /etc/passwd | grep nologin
bin:x:1:1:bin:/bin:/sbin/nologin
daemon:x:2:2:daemon:/sbin:/sbin/nologin
adm:x:3:4:adm:/var/adm:/sbin/nologin
lp:x:4:7:lp:/var/spool/lpd:/sbin/nologin
mail:x:8:12:mail:/var/spool/mail:/sbin/nologin
uucp:x:10:14:uucp:/var/spool/uucp:/sbin/nologin
```

3．正则表达式

绝大多数日志分析软件均基于正则表达式匹配字符串。正则表达式的概念来自神经学。在最近的 60 年中，正则表达式逐渐从模糊而深奥的数学概念，发展成为计算机各类工具和软件包应用的主要功能。

正则表达式是对字符串操作的一种逻辑公式，就是用事先定义好的一些特定字符及这些特定字符的组合组成一个"规则字符串"，这个"规则字符串"用来表达对字符串的一种过滤逻辑。正则表达式已经得到广泛的应用，在类 UNIX 操作系统、PHP、C#、Java 等开发环境，以及在很多的应用软件中，都可以看到正则表达式的影子。

给定一个正则表达式和另一个字符串，可以达到如下目的。

（1）判断给定的字符串是否符合正则表达式的过滤逻辑（称为"匹配"）。

（2）可以通过正则表达式从字符串中获取我们想要的特定部分。

正则表达式的特点有以下几项。

（1）灵活性、逻辑性和功能性非常强。

（2）可以迅速地用极简单的方式达到对字符串的复杂控制。

（3）对于刚接触的人来说，比较晦涩难懂。

下面介绍正则表达式的使用方法。

（1）测试工具。

"工欲善其事，必先利其器"，编写正则表达式需要一把称手的"兵器"，推荐RegexBuddy、Regexper、Debuggex，还有一些在线的工具，如 http://tool.oschina.net/regex/。

（2）元字符。

常用的元字符如表 5-12 所示。

表 5-12　常用的元字符

字　　符	说　　明	字　　符	说　　明
.	匹配除换行符以外的任意字符	\b	匹配单词的开始或结束
\w	匹配字母、数字、下画线或汉字	^	匹配字符串的开始
\s	匹配任意的空白符	$	匹配字符串的结束
\d	匹配数字		

例如，匹配以 1 开头的字符串可表述为 ^1。

（3）字符簇。

使用 [] 将所需要匹配的字符括起来的方法称为"字符簇"。

例如，[a-z]、[A-Z]、[aeiouAEIOU]、[.?!] 等。

（4）限定符。

常用的限定符如表 5-13 所示。

表 5-13　常用的限定符

字　符	说　明	字　符	说　明
*	重复零次或更多次	{n}	重复 n 次
+	重复一次或更多次	{n,}	重复 n 次或更多次
?	重复零次或一次	{n,m}	重复 n～m 次

例如，匹配 QQ 号码（5～12 位数字），可表述为：\d{5,12}。

（5）转义符。

当需要查找 ^ 或 $ 时，而该字符自身为元字符，可以使用"\"来取消这些字符的特殊意义。

例如，C:\\Windows\\System32 匹配 C:\Windows\System32。

（6）选择符。

当有多种条件时，可使用"|"将各条件分割开表示"or"的关系。例如，匹配首尾空白字符的正则表达式：^\s*|\s*$。

（7）反义符。

匹配"没有"某字符串。反义符如表 5-14 所示。

表 5-14　反义符

字　符	说　明
\W	匹配任意不是字母、数字、下画线、汉字的字符
\S	匹配任意不是空白符的字符
\D	匹配任意非数字的字符
\B	匹配不是单词开头或结束的位置
[^abcd]	匹配除了 a、b、c、d 这几个字母以外的任意字符

例如，匹配首尾空白字符的正则表达式：^\s*|\s*$。

（8）注释符。

正则表达式中使用（?#comment）来包含注释。例如，2[0-4]\d(?#200-249)|25[0-5](?#250-255)|[01]?\d\d?(?#0-199)。

到目前为止，关于正则表达式最基础的知识已做了介绍，读者可以看懂简单的正则语句。而复杂的正则语句需要更多的正则知识及练习。建议跟随 http://www.runoob.com/regexp/regexp-tutorial.html 进一步学习。

（9）常见的正则表达式庆用场景。

① 匹配邮箱。

```
^\w+([-+.]\w+)*@\w+([-.]\w+)*\.\w+([-.]\w+)*$
```

可以匹配的字符串如 123456@qq.com、123@456.com.cn.org.edu 等。

② 验证身份证号（粗验，最好从服务器端调类库再细验证）。

```
^[1-9]([0-9]{16}|[0-9]{13})[xX0-9]$
```

可以匹配 15 或者 18 位的身份证号，支持带 X 的。

③ 验证 IP。

```
^(25[0-5]|2[0-4][0-9]|[0-1]{1}[0-9]{2}|[1-9]{1}[0-9]{1}|[1-9])\.(25[0-5]|2[0-4][0-9]|[0-1]{1}[0-9]{2}|[1-
9]{1}[0-9]{1}|[1-9]|0)\.(25[0-5]|2[0-4][0-9]|[0-1]{1}[0-9]{2}|[1-9]{1}[0-9]{1}|[1-9]|0)\.(25[0-5]|2[0-4]
[0-9]|[0-1]{1}[0-9]{2}|[1-9]{1}[0-9]{1}|[0-9])$
```

5.2.5　日志规范与标准

在数据中心里，繁杂各异的日志格式成了日志分析的噩梦。可规范应用系统的日志开发及管理过程，进行精准日志实时监控、提升突发故障排错效率、提供丰富信息用于大数据分析，实现应用系统的安全审计功能。

出于不同的目的，业界流传多种日志最佳实践。其中一部分是针对特定行业或日志工具的，而大部分最佳实践都是通用的，这里仅讨论普通文本日志，可参照如下指标。

1．时间戳

时间戳字段表示事件发生的时刻。在高并发量的系统上，记录不能保证一定按时间顺序被写入日志，建议每一条日志记录都应包含时间戳。格式如下。

```
2016-01-03 12:24:01.213 CST
```

即 "<4 位年份>-<2 位月份>-<2 位日期><空格><24 小时制 2 位时>:<2 位分>:<2 位秒>.<3 位毫秒><空格><3 位大写字母时区>"。如果能精确到微秒或纳秒，那么在毫秒位置后追加 3 位或 6 位数字。

2．严重级别

严重级别表示事件的紧急程度，根据不同级别做出相应的措施。通常为以下几种。

- ❑ Fatal——致命，表示需要立即被处理的系统级异常。当该异常发生时，表示服务已不可用，系统管理员需要立即介入。
- ❑ Error——错误，该级别也需要马上被处理，但是紧急程度要低于 Fatal 级别。
- ❑ Warn——警告，该级别表示系统可能出现问题，也可能没有，如网络的波动等。
- ❑ Info——记录系统的正常运行状态，如某个子系统的初始化，某个请求的成功执行等。
- ❑ Debug——调试级别，该级别记录了某一个操作每一步的执行过程，可以准确定位是何种操作、何种参数、何种顺序导致了某种错误的发生；可以保证在不用重现错误的情况下，也可以通过该级别日志对问题进行诊断。

3．分隔符

分隔符是一个字符串，出现在字段的前后，用于在一个记录中将一个字段与前后相

邻字段区分开。分隔符的作用是使字段更容易被区分，无论对人还是日志监控工具。常用的如空格、分号（;）、竖杠（|）等。

4. 日志编码

在计算机技术发展的早期，如 ASCII（1963 年）和 EBCDIC（1964 年）这样的字符集逐渐成为标准。基本的 ASCII 字符集共有 128 个字符，其中有 96 个可打印字符，包括常用的字母、数字、标点符号等，另外还有 32 个控制字符。为了扩充 ASCII 编码以用于显示本国的语言，不同的国家和地区制定了不同的标准，由此产生了 GB2312、BIG5、JIS 等各自的编码标准。可简单理解如下。

- ❑ ASCII 编码：用来表示英文，它使用 1 个字节表示，其中第一位规定为 0，其他 7 位存储数据，一共可以表示 128 个字符。
- ❑ 拓展 ASCII 编码：用于表示更多的欧洲文字，用 8 个位存储数据，一共可以表示 256 个字符。
- ❑ GBK/GB2312/GB18030：表示汉字。GBK/GB2312 表示简体中文，GB18030 表示繁体中文。
- ❑ Unicode 编码：包含世界上所有的字符，是一个字符集。
- ❑ UTF-8：是 Unicode 字符的实现方式之一，它使用 1～4 个字符表示一个符号，根据不同的符号变化字节长度。

5. 回车与换行

在计算机出现之前，有一种叫作电传打字机（Teletype Model 33）的事物，每秒钟可以打 10 个字符。但是它有一个问题，就是打完一行换行时要用去 0.2 秒，正好可以打两个字符。要是在这 0.2 秒里，又有新的字符传过来，那么这个字符将丢失。

于是，研制人员想了一个办法解决这个问题，就是在每行后面加两个表示结束的字符。一个叫作"回车"，告诉打字机将打印头定位在左边界；另一个叫作"换行"，告诉打字机将纸向下移一行。

UNIX 系统里，每行结尾只有"<换行>"，即"\n"；Windows 系统里，每行结尾是"<回车><换行>"，即"\r\n"；Mac 系统里，每行结尾是"<回车>"。一个直接的后果是，如果 UNIX/Mac 系统下的文件在 Windows 里打开，那么所有文字会变成一行；而如果 Windows 里的文件在 UNIX/Mac 下打开，那么每行结尾会多出一个^M 符号。

6. 日志轮转

日志轮转是指将活动日志文件移动到存档副本，并为应用程序创建一个新的空白文件，然后开始写入的过程。通过日志轮转，日志保存为多个备份，用于短期分析和场外存档及存储。该技术利于后期分析和文件系统空间管理。常用的日志轮转规则有如下 3 种。

（1）日志文件基于某个时间周期轮转，如每小时、每天、每月等。

（2）日志文件在达到某个预定大小时轮转，如 10 MB、100 MB 等。

（3）结合基于时间和基于大小的方案。日志根据事件存档，但每个日志限制在某个预定大小内。

Logrotate 是类 UNIX 操作系统的一款古老的日志轮转工具。许多版本的 Linux 发行版都默认安装。文件（目录也是文件）里存储了文件名和对应的 inode 编号。通过这个 inode 编号可以查到文件的元数据和文件内容。文件的元数据有引用计数、操作权限、拥有者 ID、创建时间、最后修改时间等。文件名并不在元数据里，而是在目录文件中。因此日志轮转（改名、移动）不会修改文件内容，而是修改文件目录。

inode 解析如图 5-9 所示。

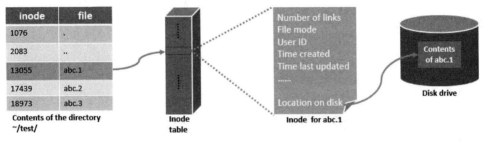

图 5-9　inode 解析

7．日志权限

日志文件的权限关系到操作系统用户对日志的读写安全，必须规划清晰。此外，日志规范中还可以包括行/字节刷新速度、行字节上限、日志报警时间间隔等指标。

⚠5.3　R 语言与日志分析工具

前面小节讲到了日志产生→日志传输→日志存储→日志分析。但日志分析仅涉及了从日志中的信息中截取有用的部分，本节将对日志价值做进一步挖掘。

5.3.1　R 语言

日志分析的主要技术包括分类与预测、聚类、离群点检测、关联规则、序列分析等，可参照本书前几章内容。本节介绍 R 语言，官网为 http://www.r-project.org，日志分析直接引用 R 语言的具体工具包。

R 是自由软件，是一套完整的数据处理、计算和制图软件系统。其功能组件包括数据存储和处理系统；数组运算工具（其向量、矩阵运算方面功能尤其强大）；完整连贯的统计分析工具。R 语言具有优秀的统计制图功能和简便而强大的编程语言，可操纵数据的输入和输出，可实现分支、循环。用户可自定义其功能。

本书无法穷尽 R 语言的精髓，仅供大家初步认识 R（R 语言具体使用方法推荐阅读：http://www.w3cschool.cn/r/）。

1．R 的数据接口

目前，R 语言支持 CSV、Excel、二进制文件、XML 文件、JSON 文件、Web 数据、数据库（MySQL、Oracle、SQL Server）等数据源。本处以 R 连接本地 SQL Server 数据库配置为例。

（1）单击控制面板→管理工具→ODBC 数据源（32 位/64 位），打开"ODBC 数据源管理程序"对话框，如图 5-10 所示。

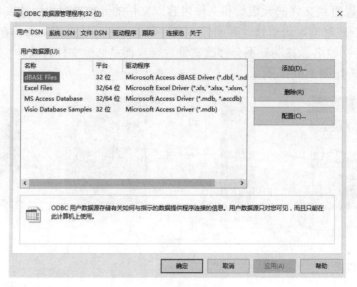

图 5-10 配置数据源 1

（2）单击"添加"按钮弹出"创建新数据源"对话框，选中 SQL Server，单击"完成"按钮，如图 5-11 所示。

（3）输入"名称""描述""服务器"，本例中使用当前服务器上的 SQL Server，单击"下一步"按钮，如图 5-12 所示。

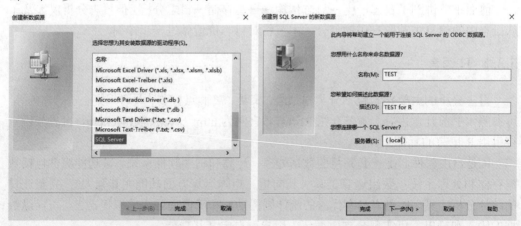

图 5-11 配置数据源 2　　　　　　　　图 5-12 配置数据源 3

（4）选中"使用用户输入登录 ID 和密码的 SQL Server 验证"单选按钮，填写"登录 ID"和"密码"，单击"下一步"按钮，如图 5-13 所示。

（5）选中"更改默认的数据库为"复选框并根据实际情况填写数据库名称，然后单击"下一步"按钮，如图 5-14 所示。

（6）单击"完成"按钮，R 的数据接口配置完毕，如图 5-15 所示。

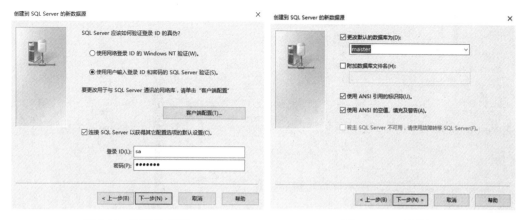

图 5-13　配置数据源 4　　　　　　　　　　图 5-14　配置数据源 5

（7）单击"测试数据源"按钮进行测试，如图 5-16 所示。

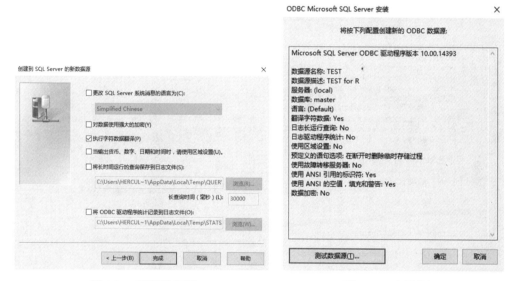

图 5-15　配置数据源 6　　　　　　　　　　图 5-16　配置数据源 7

（8）测试成功，单击"确定"按钮，如图 5-17 所示。

2．R 的安装

此处介绍在 Windows 环境下如何安装 R 语言。首先登录 https://cran.r-project.org/
bin/windows/base/下载 R for Windows 安装包，当前版本为 3.4.1，如图 5-18 所示。

按照默认配置安装即可。安装完毕后，可在桌面上看到如图 5-19 所示的图标。

双击桌面图标打开 RGui 连接 SQL Server 数据库，第一次使用时需要安装 RODBC
程序包。ODBC，中文意思是开放数据库连接，其英文全称是 Open Database Connectivity，
是开放服务结构中有关数据库的一个组成部分，它提供了一组对数据库访问的标准 API
（应用程序编程接口）。RODBC 包，顾名思义，就是为 R 语言服务的、操作 ODBC 的
包。如果未安装 RODBC 包，会出现"没有"odbcDataSources"这个函数"并报错。可直
接使用"install.packages"命令安装所需要的函数，如图 5-20 所示。

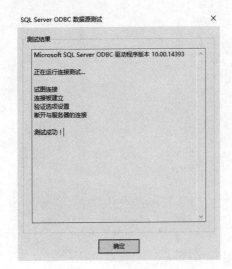

图 5-17　配置数据源 8

R-3.4.1 for Windows (32/64 bit)

Download R 3.4.1 for Windows (75 megabytes, 32/64 bit)

Installation and other instructions
New features in this version

图 5-18　R 的安装 1

R x64
3.4.1

图 5-19　R 的安装 2

```
> odbcDataSources()
Error in odbcDataSources() : 没有"odbcDataSources"这个函数
> Library(RODBC)
Error in Library(RODBC) : 没有"Library"这个函数
> install.packages("RODBC")
Warning in install.packages("RODBC") :
  'lib="C:/Program Files/R/R-3.4.1/library"'不可写
--- 在此連線階段时请选用CRAN的鏡子 ---
試开URL'https://mirror.lzu.edu.cn/CRAN/bin/windows/contrib/3.4/RODBC_1.3-15.zip'
Content type 'application/zip' length 831635 bytes (812 KB)
downloaded 812 KB

程序包'RODBC'打开成功，MD5和检查也通过

下载的二进制程序包在
        C:\Users\oss-linux\AppData\Local\Temp\RtmpW6JsXX\downloaded_packages里
> library(RODBC)
> odbcDataSources()
                                            Excel Files
"Microsoft Excel Driver (*.xls, *.xlsx, *.xlsm, *.xlsb)"
                                      MS Access Database
           "Microsoft Access Driver (*.mdb, *.accdb)"
                                 Visio Database Samples
                 "Microsoft Access Driver (*.mdb)"
                                             dBASE Files
  "Microsoft Access dBASE Driver (*.dbf, *.ndx, *.mdx)"
                                                    TEST
                                            "SQL Server"
> conn=odbcConnect('TEST',uid='sa',pwd='Pass@123')
```

图 5-20　R 的安装 3

3. R 的图表

图表模块是 R 中最重要的功能模块，通过命令 demo（graphics）或 demo（persp）可体验 R 图表功能的强大。R 提供的多种绘图命令分为以下 3 类。

- ❑ 高级图形函数：在图形设备上产生一个新的图区，它可能包括坐标轴、标签、标题等。
- ❑ 低级图形函数：在一个已经存在的图上加上更多的图形元素，如额外的点、线和标签。
- ❑ 交互图形函数：允许交互式地用鼠标在一个已经存在的图上添加图形信息或者提取图形信息。

4．R 的"贡献包"导入

通过导入"贡献包"（Contributed Packages）的方式可扩展 R 的算法种类。贡献包可登录 https://mirrors.tuna.tsinghua.edu.cn/CRAN/下载。截至 2017 年 5 月 CRAN 已收录了各种包 10581 个，囊括了绝大部分经典或最新的统计方法。

下面的例子叙述查找皮尔逊相关性（又称皮尔逊积差相关性 Pearson Correlation），用于描述满足连续数据、正态分布和线性关系的两个变量之间的相关性的过程。

登录 CRAN 站点，选择 Packages，单击 Table of available packages, sorted by name 进入"贡献包"列表，在页面搜索关键字，如 Pearson correlation，可找到如图 5-21 所示的内容。

图 5-21　CRAN 上查找"贡献包"

单击 pcaPA 超链接进入，查看"Reference manual"PDF 文档确认是否是自己需要的算法"贡献包"。在 Windows 下安装 pcaPA，输入 install.packages("pcaPA")，提示是否需要安装 pcaPA。再次输入 install.packages("pcaPA")。待程序运行完成，如图 5-22 所示，共享包安装完毕。

可在 Reference manual 下载 pcaPA.pdf 查看贡献包的具体释义和使用方法。

图 5-22　CRAN 上下载并安装"贡献包"

5.3.2　日志分析工具

1．商用和开源日志分析工具

日志分析工具根据其来源可分为商用和开源两种。目前，商用日志分析工具最著名的是 Splunk，开源方面最著名的解决方案是 ELK（ElasticSearch+ Logstash+ Kibana）和 Flume。

Splunk 是一款日志托管管理工具，主要功能可概括如下。

（1）日志聚合功能。

Splunk 几乎支持从任何源实时索引任何类型的计算机日志数据，包括操作系统、虚拟化、应用、数据库、网络等信息，如图 5-23 所示。

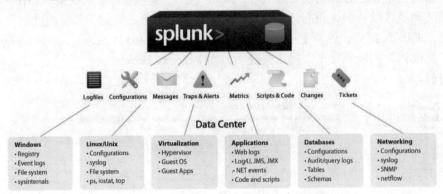

图 5-23　Splunk 兼容的日志类型

（2）搜索功能。

搜索是 Splunk 的核心功能之一。Splunk 有自己的搜索语言——搜索处理语言（Splunk Search Processing Language）[3]。SPL 包括了上百条搜索命令，其中大部分包含多种函数、参数和子句。详细命令可查看 http://docs.splunk.com/Documentation/Splunk/latest/SearchReference/SQLtoSplunk。Splunk 的搜索功能具体包括以下几点。

① 复杂事件关联：与基础日志分析工具相比，Splunk 支持事件之间的复杂关联分析，目前支持 5 种关联类型。

② 基于时间的关联：根据记录时间相近与否或间隔多久来确定事件之间的关系。

③ 基于交易的关联：跟踪构成单次交易的一系列相关事件，进而评估时间长度、状态或进行其他分析。

④ 子搜索：获取其中一个搜索的结果，并在其他搜索中使用这些结果。

⑤ 查找：关联 Splunk 以外的外部数据来源。

⑥ 连接：支持类似 SQL 的内部和外部连接。

关联 Splunk 中的事件有助于系统从机器数据中获得更丰富的分析和洞察力，为 IT 和业务提供更好的可见性。

（3）可视化和报表功能。

通过 GUI Builder 或命令行+函数可创建可视化报表，包括饼图、柱状图、行列图、计量图等，并支持地图展示和其他复杂报表。Splunk 提供"提包入住"的丰富报表模板，如图 5-24 所示。

（4）告警提醒功能。

基于底层搜索，按计划时间匹配历史索引的数据或实时导入 Splunk 的数据，当符合告警规则时触发告警。警报的类型有计划警报（基于历史搜索，按照设定的计划运行）、逐结果警报（基于实时搜索，设定为对"所有时间"运行）和滚动窗口警报（基于实时搜索，设定在用户定义的滚动时间窗口上运行）。

图 5-24 Splunk 支持的图表案例

告警类型可以是电子邮件、执行脚本（调用短信、微信网关等）、RSS 通知、汇总索引或 Splunk 主控台报警管理器显示。

（5）角色管理。

Splunk 可为用户定义角色，根据角色的不同限制其对搜索、警报、报告、仪表板和视图等功能的访问。Splunk 兼容 LDAP 和 Active Directory，还能提供单一登录集成，以启动对用户凭据的传递身份验证，并可严格限制不同角色访问服务器的权限。

2．泛用和专用日志分析工具

Splunk 属于泛用日志分析工具，用于各种类型日志的集中化管理，使用各类型日志对应的日志分析策略对日志进行分类分析。为了应对具体单一对象的日志，人们也开发了专用的日志分析工具。如图 5-25 所示为几种业界较受欢迎的专用日志分析工具。

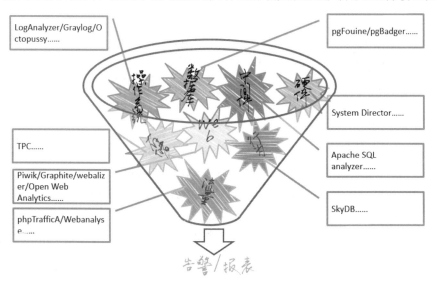

图 5-25 泛用日志分析工具

其中，System Director（IBM Systems Director）和 TPC（IBM Total Storage Productivity Center Standard Edition）并不能算纯粹的日志分析工具，但含有日志分析模块。专用工具的分析深度、广度、性能等均高于泛用日志分析工具。但在数据中心中，多种专用日志分析工具的集成、维护要复杂于泛用日志分析工具。

5.3.3　日志分析系统的规划建设

本节介绍使用 ELK（ElasticSearch+Logstash+Kibana）搭建一站式数据分析解决方案。

Logstash 项目诞生于 2009 年 8 月 2 日，用于日志管理。作者是世界最著名的运维工程师 Jordan Sissel，Logstash 早期自带简单的 Logstash-web 模块用于查看数据，但其功能过于简单。Rashid Khan 使用 PHP 编写了一个更好的 Web，取名 Kibana，并于 2011 年 12 月 11 日发布。ElasticSearch 作者 Shay Banon 最初的动机是为正在学厨艺的妻子制作菜谱搜索引擎，该引擎于 2010 年正式发布，是 GitHub 上最流行的 Java 项目，不过最终发布的版本不是用来为妻子搜索菜谱。ElasticSearch + Logstash + Kibana 成了日志分析工具商业软件霸主 Splunk 最有力的竞争对手。2013 年，Logstash 被 ElasticSearch 公司收购，ELK stack 正式成为了官方用语[4]。2015 年年初，ElasticSearch 公司召开了第一次全球用户大会 Elastic{ON}15。eBay、Facebook、NASA JPL、Symantec、Dell 等企业都是 ElasticSearch 的用户。ElasticSearch 的官网是 http://elastic.co。

ELK 数据流图如图 5-26 所示。

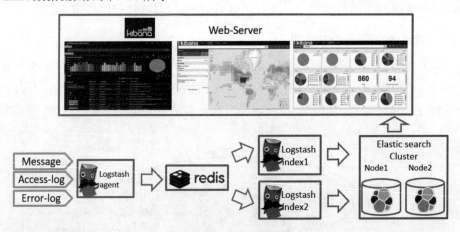

图 5-26　ELK 数据流图

在需要收集日志的所有服务上部署 Logstash shipper，用于监控并过滤收集日志，将过滤后的内容发送到 Redis，然后 Logstash indexer 将日志收集在一起交给全文搜索服务 ElasticSearch，可以用 ElasticSearch 进行自定义搜索，通过 Kibana 来结合自定义搜索进行页面展示。

到目前为止，本章已介绍了日志相关的基本知识及产品。接下来搭建一套 ELK 单机的实验环境，资源如表 5-15 所示。

表 5-15 实验环境配置

资 源	描 述
VMware	VMware® Workstation 12
系统及配置	CentOS 6.* 64bit（可在 http://mirrors.163.com/下载） CPU：2 core MEM：4 GB DISK：40 GB IP：192.168.234.111/24 注：需连通互联网，搭建 yum 源

注：本实验需要一定的基础技能，如 VMware 使用、CentOS 部署及操作、yum 源搭建等。为了尽量减少搭建中的麻烦，本实验操作使用 root 用户 rpm 包安装。

1．下载 ELK 安装包

登录 https://www.elastic.co/downloads 下载 elasticsearch*.rpm、kibana*.rpm 和 logstash*.rpm 安装包，页面如图 5-27 所示。

图 5-27 下载 ELK 安装包

2．搭建 yum 源

```
# 将 centos 系统镜像挂载在/media/CentOS_6.6_Final 上
# df -h
Filesystem            Size    Used Avail Use% Mounted on
……
/dev/sr0              4.4G    4.4G       0 100% /media/CentOS_6.6_Final
# cd /etc/yum.repos.d/
# mkdir tmp
# mv * tmp
# vi centos.repo #将如下配置写入 centos.repo
[centos]
name=centos
baseurl=file:///media/CentOS_6.6_Final
enabled=1
gpgcheck=0

# rpm -ivh http://dl.fedoraproject.org/pub/epel/6/x86_64/epel-release-6-8. noarch.rpm   #安装
EPEL 扩展源
# ls /etc/yum.repos.d/
centos.repo  epel.repo  epel-testing.repo   redhat.repo   tmp
# yum clean all&& yum list #重建 yum 缓存
```

3. 安装 ELK 组件

```
# yum install -y redis java-1.8.0-openjdk nginx firefox
# cd /tmp #将安装介质上传到/tmp 目录
# ls /tmp
elasticsearch-5.4.0.rpm kibana-5.4.0-x86_64.rpm logstash-5.4.0.rpm ……
# rpm -ivh elasticsearch-5.4.0.rpm #安装 elasticsearch
# rpm -ivh kibana-5.4.0-x86_64.rpm   #安装 kibana
# rpm -ivh logstash-5.4.0.rpm #安装 logstash
```

4. 配置 ELK

```
# mkdir /root/ELK
# cd /root/ELK
# mkdir conf
# vi   ./conf/client.conf #将如下配置写入 client.conf
input {
    file {
    add_field => {"Local_Host" => "nginx2"}
    type => "nginx_access"
    path => ["/var/log/nginx/access.log"]
    codec => json {charset => "UTF-8"}
    }
  }
output {
        redis {
                host => "127.0.0.1"
                data_type => "list"
                key => "logstash:redis"
        }
}
# vi server.conf #将如下配置写入 server.conf
input {
    redis {
    host => '127.0.0.1'
    data_type => 'list'
    port => "6379"
    key => 'logstash:redis'
    type => 'redis-input'
        }
    }
output {
    elasticsearch {
        hosts => ["localhost:9200"]
    }
    }
# vi /etc/nginx/nginx.conf #修改配置文件
http {
```

```
# 注释掉如下行
#    log_format   main  '$remote_addr - $remote_user [$time_local] "$request" '
#                       '$status $body_bytes_sent "$http_referer" '
#                       '"$http_user_agent" "$http_x_forwarded_for"';

#    access_log   /var/log/nginx/access.log   main;
# 在后面追加如下行
log_format json '{"@timestamp":"$time_iso8601",'
                '"@version":"1",'
                '"host":"$server_addr",'
                '"client":"$remote_addr",'
                '"size":$body_bytes_sent,'
                '"responsetime":$request_time,'
                '"domain":"$host",'
                '"url":"$uri",'
                '"status":"$status"}';
    access_log   /var/log/nginx/access.log json;
```

5. 启动 ELK 组件

```
# /etc/init.d/elasticsearch start #启动 elasticsearch
Starting elasticsearch:                                    [OK]
# /etc/rc.d/init.d/kibana start  #启动 kibana
kibana started
# /usr/share/logstash/bin/logstash -f /root/ELK/conf/client.conf
# /usr/share/logstash/bin/logstash -f /root/ELK/conf/server.conf
```

6. 登录 kibana

登录 http://127.0.0.1:5601 访问 kibana，如图 5-28 所示。

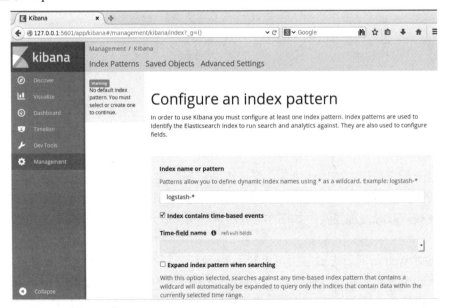

图 5-28　kibana 登录界面

到目前为止，基础的 ELK 环境已经安装配置完毕。ELK 的具体配置使用请参见以下网址。

- ❑ ELK 官网：https://www.elastic.co/。
- ❑ ELK 官网文档：https://www.elastic.co/guide/index.html。
- ❑ ELK 中文手册：http://kibana.logstash.es/content/elasticsearch/monitor/logging.html。

5.4 日志挖掘应用

5.4.1 安全运维

日志技术可以记录下系统所产生的所有行为，并按照某种规范表达出来，已经广泛并有效地应用到系统的安全运维上。通过日志中记录的事件信息及对其进行的进一步挖掘分析，用户可以进行资源管理、系统排错、性能优化、入侵检测，在某些情况下还可以定位人员责任，进行取证和审计。实现问题实时告警、及时预测，可以使安全运维工作变得简单、有序，进一步保障信息系统的稳定性和健壮性。

5.4.2 系统健康分析

系统通过用户访问日志，采取每隔 5 分钟统计发送信息的用户数量，来计算系统的有效在线用户，如图 5-29 所示。而通过监控在线用户量的变化，如在特定时间内是否超过了阈值范围，实现了对系统整体的监控。如因网络、系统、应用的故障或者业务原因导致的在线用户数量的波动，都能第一时间发现。

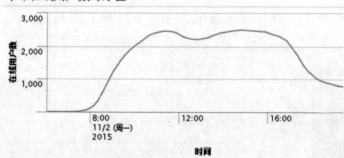

图 5-29　在线用户数时序图

通过分析交易日志可以计算各市场或者总市场的交易量走势，并且通过配置定时任务，每天计算前 30 天的平均量（排除节假日），通过当日和历史均线的对比，进行量化监控和比较，及时发现异常，如图 5-30 所示（实线表示当天交易笔数，虚线表示历史数值）。

通过对 Web 访问日志的分析可以获取 IP 地址、耗时和 URL 数据。

选取一个基准文件 A。通过对该文件 A 下载情况的搜索，结合用户 IP 地址、接入方式以及机构的对应关系，可以进一步得出接入方式（不同网络情况）的网络下载延迟统计，以及分机构、分地区、分具体 IP 地址的网络延迟情况，如图 5-31 所示。用户在接入过程中，由负载均衡设备来分配不同的机器，通过对不同机器的访问量的对比也可以得到负载均衡设备的工作分配情况。

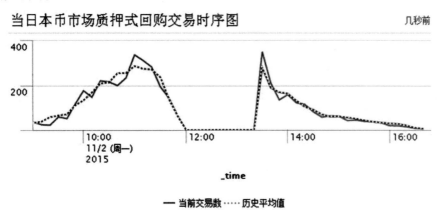

图 5-30　交易时序图

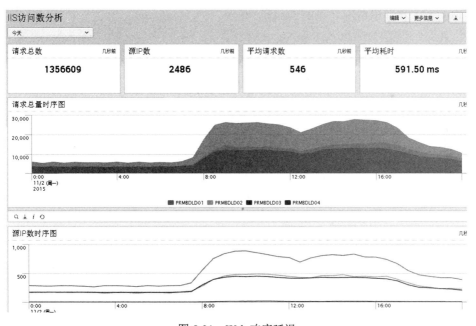

图 5-31　Web 响应延迟

5.4.3　用户行为分析

在应用系统的访问日志中，记录了每次客户端发起的请求时的用户 ID、具体功能点等信息，通过该日志数据，结合用户 ID、机构名称、机构类型、功能点说明等数据，就可以从不同维度去查询、统计用户的行为特征，如图 5-32 所示（虚线表示报价操作）。

例如，可以查询指定用户的一天之中所有功能的操作情况，得出该用户的行为偏好和角色属性，如图 5-32 所示，不同类型的操作用不同形式的线进行标识，最明显的操作是报价操作（虚线），且该用户的这项操作几乎都在上午完成，下午很少在使用。

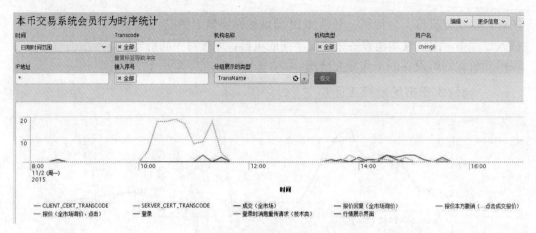

图 5-32　用户行为分析

通过用户分析结果可以针对性地设计测试案例，使得测试案例更贴近于用户的真实行为，也可以评估每个功能点的使用和响应情况，将主要资源投入在重点功能的研发中。通过统计登录和登出情况，可以判断用户的行为是否出现异常（见图 5-33），也可以统计用户的登入和登出情况（见图 5-34）。

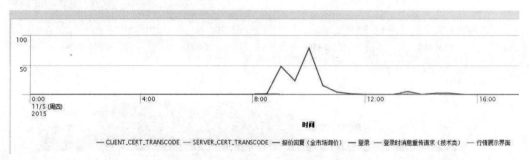

图 5-33　特定用户具体行为分布

CSTP用户登入和登出次数统计		几秒前
用户名 ⌄	登入次数 ⌄	登出次数 ⌄
stmg499901	1425	1425
htzq979503	21	20
shyh603301	16	16
jlyh989001	7	7
hryd903401	5	5
cxjj989301	2	2
dhzq367701	2	1

图 5-34　用户登入和登出情况

5.4.4　业务分析设计

在收集数据之后，除了已经定义好的统计分析功能之外，还可以使用 Splunk 定义的数据查询语言（见图 5-35），可以快速地实现各种逻辑条件查询、数据排序、数据比较、数据计数等功能，而不需要进行额外的功能开发工作。所有的统计分析都可以实时在线进行，不影响应用系统功能，也不用再导出数据进行事后分析。

图 5-35　数据的检索

数据的查询统计结果可以以折线图、饼图、散点图等丰富的可视化图形进行展示，从而实现信息的有效传达，便于用户更快地找出有效数据，如图 5-36 所示。

图 5-36　可视化展示方式

5.5　日志分析挖掘实例

监控及日志数据流图如图 5-37 所示。

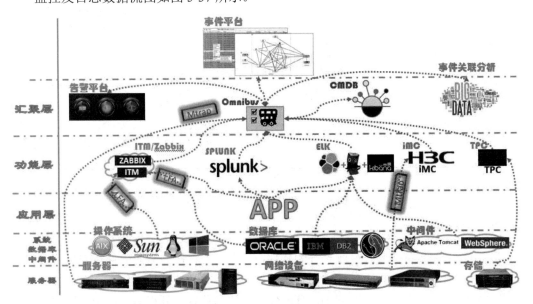

图 5-37　监控及日志数据流图

现以某大型金融机构为例，其日志分析功能搭建的指导思想可以概括如下。

1. 专有专用

当存在专用日志分析软件时应使用专用软件，因为专用日志分析工具在分析准确性、复杂度、效率等方面均优于泛用软件。例如，H3C 的 iMC 用于网络设备监控，TPC 用于存储设备监控。

2. 没有泛用

如果当前没有专用日志分析软件，就使用泛用软件。通过泛用日志分析工具配置对应策略可满足日常日志分析需求。常用的泛用日志分析软件如 Splunk、IBM ITM LFA 和 ELK。

3. 集中管理

将日志（事件）集中管理。事件集中有利于监控集中运维管理、CMDB 事件丰富和事件关联分析系统搭建。汇聚层使用 IBM Netcool/Omnibus 集成各功能模块事件是个好的选择，Omnibus 是业界公认的最佳事件集中平台。

4. 关联挖掘

基于配置管理库的事件大数据，通过数据挖掘软件发现事件之间的关联关系，有利于智能运维和事件预测。IBM 智能运维思想值得借鉴。数据关联实现主动运维如图 5-38 所示。

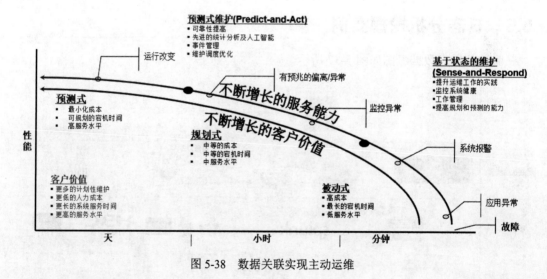

图 5-38　数据关联实现主动运维

5. 商用→开源

以大型商用软件起步，过渡到开源软件。代表精英科技的商业软件在起步阶段在设计思想、技术实力、编码质量等方面是领先的；随着时间的推移，代表群众科技的开源软件奋起逆袭，技术差距不断缩小，且软件费用比商业软件低很多，透明开源的代码更利于深度客制化。目前，该机构正在进行商业软件 IBM ITM 监控转向开源软件 Zabbix

的改造；开源软件 ELK 也在逐步走向前台。

5.6 作业与练习

1．假设数据库系统提供了丰富的接口，使用数据库存储日志能否方便地开发日志分析前端工具？

2．类 UNIX 系统中 Syslog 传输日志时，日志服务器是使用从客户端"拉"取日志的形式传输日志吗？

3．下列哪项不是日志处理过程的阶段？（　　）
A．传输日志　　　　　　　B．克隆日志
C．存储日志　　　　　　　D．分析日志

4．下列哪项正则表达式可用于匹配中国邮政编码？（　　）（注：中国邮政编码为 6 位数字）
A．[1-9]d{5}(?!d)　　　　B．[1-9]d{6}(?!d)
C．d{3}-d{8}d{4}-d{7}　　D．d{15}|d{18}

5．在 CentOS 操作系统上使用 awk、grep 等命令匹配/etc/password 中含有"nologin"的行，参照本章 5.3.3 节，使用 VMware Workstation 安装 CentOS 操作系统，搭建 ELK 服务器端应用，并自行搜索相关技术文档，深入了解、使用 ELK 工具分析日志。

参考文献

[1]（美）Chuvakin，A.A.，等．日志管理与分析权威指南[M]．姚军，等，译．北京：机械工业出版社，2014.

[2] about 云社区．基于 Flume 的美团日志收集系统架构和设计[EB/OL]．（2014-07-03）[2023-03-05]．http://www.aboutyun.com/thread-8317-1-1.html.

[3] Josh Diakun，等．Splunk 智能运维实战[M]．北京：机械工业出版社，2015.

[4] 饶琛琳．ELK stack 权威指南[M]．北京：机械工业出版社，2015.

第 6 章

数据挖掘应用案例

数据挖掘发展至今，已不只是停留在书本上的理论，而是已经在各行各业有了广泛的应用场景，产生了实际的经济价值和社会价值。除了耳熟能详的啤酒、尿布摆在一起的案例之外，在电力、金融、科技、电信等各个行业都有鲜活的案例，例如，电力电网运行过程中通过数据挖掘智能监控设备状态；银行通过数据挖掘对客户信用进行评分，评价贷款风险；证券行业通过数据挖掘预测股票价格的走势规律；电信行业通过数据挖掘将客户分群，进行针对性的智能营销[1]。本章将详细讲解电力行业电网设备智能监控中大数据挖掘技术的实现方法和过程。此外，还将对一些其他行业的典型案例做出介绍，让读者充分理解和体会到数据挖掘技术的应用和意义。

6.1 电力行业采用聚类方法进行主变油温分析

6.1.1 需求背景及采用的大数据分析方法

电力系统中的重要设备有很多，如油浸式变压器，其运行是否正常将影响到电网能否安全稳定地运行，对其运行的监控尤为重要。而现有的变压器异常状态的识别方法通用性较差、故障发现滞后且成本高昂，无法适应大数据时代国家电网的发展。

在变压器的运行周期中，油温是影响变压器运行和负载能力的重要因素。所以变压器油温异常的甄别对变压器及线路的安全运行具有很高的实用价值。为了及时发现变压器油温异常，就需要对变压器平时正常运行时油温的状况有清晰的了解，并作为比对基准。

这里采用大数据的方法，通过聚类分析挖掘出变压器正常运行时的油温分布状况，为及时发现油温异常提供了判断依据。将正常运行的油温分成几个区间段，分析各区间段的油温出现的次数分布，并计算出该区间段的油温次数分布中心点，以当前温度相对中心点的偏离程度是否超过阈值作为设备异常的预判依据。这种方法有较大参考价值。

6.1.2 大数据分析方法的实现过程

本节将讲解通过聚类分析计算变压器正常运行时的油温分布中心点的大数据实现方法。

首先建立 Hadoop/Spark 集群，如图 6-1 所示。

图 6-1 Hadoop/Spark 集群

在浏览器上通过 Web 端口 8080 检查一下 Spark 的工作状态，输入"master:8080"，可以看到 Spark 及其 3 个 Worker、运行的应用均工作正常，如图 6-2 所示。

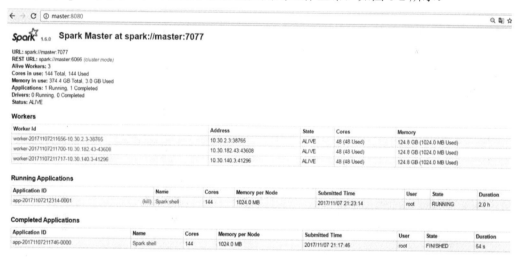

图 6-2 Hadoop/Spark 集群正常的工作状态

然后准备好数据文件。

在 slave1 机上，用以下 HDFS 命令显示准备好的数据文件。

```
[root@slave1 spark]# /usr/cstor/hadoop/bin/hdfs dfs -cat /34/in/kmeans_ data.txt

17/11/07 23:15:38 WARN util.NativeCodeLoader: Unable to load native- hadoop library for your platform... using builtin-java classes where applicable
0.2 1000
0.2 900
0.2 1050
```

```
0.4 1500
0.4 1450
0.4 1530
0.6 2500
0.6 2430
0.6 2520
0.8 2000
0.8 1960
0.8 2030
1.0 1200
1.0 1160
1.0 1230
```

该数据文件分成多行，每行分别显示温度区间（经过转换）及其出现次数。

接下来便是在 Spark 集群上执行 K-Means 程序（处理该数据集）。

在 slave1 机上使用下述命令，进入 spark-shell 接口。

```
[root@slave1 ~]# /usr/cstor/spark/bin/spark-shell  --master  spark://master:7077
scala>
```

进入 spark-shell 命令行 scala 执行环境后，依次输入下述 scala 代码，即完成模型训练。

```scala
import breeze.linalg.{Vector, DenseVector, squaredDistance}
import org.apache.spark.{SparkConf, SparkContext}
import org.apache.spark.SparkContext._
def parseVector(line: String): Vector[Double] = {
DenseVector(line.split(' ').map(_.toDouble))
} /*定义方法 parseVector，把每行数据转换成向量*/

def closestPoint(p: Vector[Double], centers: Array[Vector[Double]]): Int = {
var bestIndex = 0
var closest = Double.PositiveInfinity
for (i <- 0 until centers.length) {
val tempDist = squaredDistance(p, centers(i))
if (tempDist < closest) {
closest = tempDist
bestIndex = i
}
}
bestIndex
} /*定义方法 closestPoint，找出距离 Vector 最近的中心点*/

val lines = sc.textFile("/34/in/kmeans_data.txt")
/*声明常量实例 lines，从数据文件读取各行数据作为 RDD 的元素*/
val data = lines.map(parseVector _).cache() /*声明常量实例 data，取数并转换成向量并缓冲
存储*/
val K = "5".toInt /*声明常量实例 K，Kmeans 设置 5 个聚类*/
val convergeDist = "0.1".toDouble   /*声明常量实例 convergeDist*/
```

```
val kPoints = data.takeSample(withReplacement = false, K, 42).toArray
/*声明常量实例 kPoints，取样 K 个初始中心点*/
var tempDist = 1.0 /*声明变量实例 tempDist*/
while(tempDist > convergeDist) {
val closest = data.map (point => (closestPoint(point, kPoints), (point, 1)))
/*找离 point 最近的中心点*/
val pointStats = closest.reduceByKey{case ((p1, q1), (p2, q2)) => (p1 + p2, q1 + q2)}
val newPoints = pointStats.map {pair =>
(pair._1, pair._2._1 * (1.0 / pair._2._2))}.collectAsMap()
/*声明常量实例 newPoints，并计算新的中心点*/
tempDist = 0.0
for (i <- 0 until K) {
tempDist += squaredDistance(kPoints(i), newPoints(i))
}
/*计算新旧中心点的距离*/
for (newP <- newPoints) {
kPoints(newP._1) = newP._2
}

println("Finished iteration (delta = " + tempDist + ")")
}
println("Final centers:")
kPoints.foreach(println)   /*打印输出结果*/
```

6.1.3 大数据分析方法的实现结果

完成使用 K-means 算法对所有样本进行聚类，在控制台上打印中心点，运行结果如下。

```
scala> println("Final centers:")
Final centers:
DenseVector(0.4, 1493.3333333333333)
DenseVector(0.5999999999999999, 2483.333333333333)
DenseVector(0.8, 1996.6666666666665)
DenseVector(1.0, 1196.6666666666665)
DenseVector(0.2, 983.3333333333333)
```

6.2 银行信贷评价

6.2.1 简介

评估机构会利用信用评分模型对客户信息进行量化分析，从而评定客户的信用等级，以更好地控制风险，减少不良贷款的发生率。在信用评分发展初期，主要参考因素是客户的财产担保、社会地位、能力、声誉。例如，5C 方法主要是针对客户的贷款额度、抵押品、净资产、市场条件和品格，对客户做出是否审批贷款的决定。但是这种定性方法存在很多人为因素，可能存在主观因素占比太多、误差太大的弊端，造成企业运营风险。目前，大量的统计回归和人工智能算法运用到信用评分模型中，可以很大程度地降低人为主观因素的影响。

Ranshami 提出了多重判别分析和神经网络两种方法进行信用评价，并且发现神经网络分类器的预测结果显著优于统计回归模型。之后，有更多专家将神经网络和回归及基因算法在客户信用评分中进行了对比。算法逐渐进化，混合了神经网络、统计回归和运筹学。基于此，将通过神经网络分类器对信用评分在银行贷款审批上的应用进行实证检验和对比分析。使用信用评分对数据集构建模型，进行分析和评价。

6.2.2 神经网络模型

神经网络（NN），就是构建一个含有输入层、输出层和隐含层的模型，其中隐含层可以有多层，每一层的输入单元和上一层的输出单元相互连接，单元之间的每个连接都设置一个权重[2]。输入层中神经元数目根据数据集中的属性数目确定，输出层为一个神经元，经过训练，设定迭代次数和误差及求出每个神经元的权重，确定模型，对输入数据进行预测。

在感知器模型的应用中，最初只能解决两层神经网络的学习训练问题；对于多层网络（如三层），便不能确定中间层的参数该如何调整。1986 年，Rumelhart 和 McCelland 等人提出了基于反向传播的学习算法，用于前馈多层神经网络的学习训练。由于"反向传播"的英文名称是 Back-Propagation，因此这个算法也常常被学者简称 BP 算法。

反向传播算法分为以下两步进行。

（1）正向传播。输入的样本从输入层经过隐单元一层一层进行处理，通过所有的隐含层之后，传向输出层。

（2）反向传播。把误差信号按原来正向传播的通路反向传回，并对每个隐含层的各个神经元的权系数进行修改，以使误差信号趋向最小。

BP 算法的实质是求取误差函数的最小值。基于反向传播的神经网络（BPNN）也存在一定不足。本质上讲，BP 网络是一种静态的学习网络，用于解决非线性优化组合问题，它不具有动态信息处理能力，采用梯度下降搜索算法，不可避免地存在局部极少状态，该方法具有对网络权值及阈值的赋值随机性和对初始值的敏感性。在较大的搜索空间中，BP 算法对于多峰值和不可微函数不可能有效地搜索到全局极小值，因而不能保证网络学习过程总是趋于全局稳定状态。并且当标准的反向传播算法应用于实际问题时，训练将花费较多时间。

6.2.3 实证检验

首先将获取到的数据集转换为 WEKA 使用的.arff 格式。可以将 Excel 中的.csv 格式文件在 WEKA 中保存为.arff 格式文件。

BPNN 在 WEKA 中表现为 MultiLayer Perceptron，其具体可调节参数有 L、M、N。其中 L 为学习率，M 为冲量，N 为迭代次数。

第一组实验：对数据进行 10 - folds Cross – validation（L=0.3，M=0.9，N=500，使用数据集为 China Credit Data，148Good，91Bad）。实验结果如表 6-1 所示。

表 6-1 BPNN 第一组实验结果混淆矩阵

预　测	实　际	
	Good	Bad
Good	TP=113	FP=37
Bad	FN=43	TN=48
结果分析	Type1 Error	25.0%
	Type2 Error	47.3%
	HiteRate	66.5%

各指标含义如下。

（1）HitRate：命中率，即预测准确的数据量的百分比。

$$HitRate = \frac{TN+TP}{TN+FN+TP+FP}。$$

（2）Type1 Error：将 Bad 数据预测为 Good 数据的百分比。

$$Type1\ Error = \frac{FP}{TP+FP}。$$

（3）Type2 Error：将 Good 数据预测为 Bad 数据的百分比。

$$Type2\ Error = \frac{FN}{TN+FN}。$$

第二组实验：对数据进行 10-folds Cross－validation（L=0.3，M=0.9，N=500，使用数据集为 German Credit Data，700Good，300Bad）。试验结果如表 6-2 所示。

表 6-2 BPNN 第二组实验结果混淆矩阵

预　测	实　际	
	Good	Bad
Good	TP=465	FP=235
Bad	FN=142	TN=158
结果分析	Type1 error	33.6%
	Type2 error	47.3%
	HiteRate	62.3%

BPNN 的预测比较平衡，对 Good 及 Bad 的预测准确率维持在接近水准。由于当今贷款机构对贷款违约率的关注度逐渐减少，对收益率的重视程度逐渐增加，因此以后分析工作会从纯风险评估发展到风险和收益的综合评估。

6.3　指数预测

6.3.1　金融时间序列概况

金融市场的数据大部分是时间序列数据，指这些数据是按照时间排序取得的一系列观测值，如股票或期货价格、货币利率、外汇利率等。这些数据具有复杂的变化规律，而利用数学方法对其进行分析和研究将有助于制定更为精确的定价和预测决策，对于金融投资与风险管理活动具有重要的意义。金融时间序列分析主要是以统计理论和方法为基础，通过模型假设、参数估计、回归分析等技术来描述其内在的规律。适当的数学工具和真实的数据使"金融时间序列分析"成为金融经济研究中异常重要的一块领域，例如美国经济学家 Engle 和英国经济学家 Granger 就因其提出的 ARCH 模型和协整理论而荣获 2003 年度诺贝尔经济学奖。

一般来说，时间序列分析可以通过时域和频域两个方面进行。但是很多金融时间序列表现出非平稳性和长记忆性，这使得许多传统的单独集中于时域或频域的研究分析方法已经不再适用。而"小波分析"作为一种新型的信号分析方法，是近 20 年发展起来的新兴数学分支，也是目前数学界和工程界讨论最多的话题之一。它在时域和频域都具有表征信号局部特征的能力，非常适用于分析平稳信号，并且已经在信号和图像处理、模式识别、语音识别、地震勘测等众多学科中得到了广泛应用。近年来，小波分析方法在金融时间序列分析中的重要地位也越来越受到人们的关注。

6.3.2　小波消噪

小波分析是在 Fourier 分析的基础上发展起来的，是调和分析多年发展的结晶。其基本思想是将一般函数（信号）表示为规范正交小波基的线性叠加，核心内容是小波变换。小波变换在时域和频域具有良好的局部化性质，能自动调整时、频窗口，以适应实际分析需要，因而已成为许多工程学科应用的有力工具。

金融市场中数据由于各种偶然因素的影响，即使不存在暗箱操作或没有什么重要新闻、重要政策出台，也会表现出一种小幅的随机波动。这些随机波动可以看成是信号的噪声，不具有分析和预测的价值，而且这些随机波动往往严重地影响了进一步的分析和处理。因而，在做金融事件序列的建模分析之前，往往要先对数据进行预处理，消除这些噪声。

假设原始的时间序列 S_0，建模的基本步骤如下。

1．小波分解

选择合适的小波函数和小波分解的层次，计算时间序列 S_0 到第 N 层的小波分解。即首先对含噪声信号 $s(k)$ 进行小波变换，得到一组小波系数 $wf(j,k)$，根据多分辨率分析理论，分解的层次越高，去掉的低频成分就越多，而低频成分主要代表有用信号。因而分解的层次越高，去噪效果越好，但是相应的失真程度也越大。

2．阈值处理

阈值处理是指将分解得到的小波系数进行阈值处理，来区分信号和噪声。阈值的确定对消噪性能影响很大，阈值过高会使信号失真，阈值过低又会使得消噪不完全。一般来说，阈值的选择有几种常用准则：① 无偏风险估计准则（rigrsure），即一种基于 Stein 的无偏似然估计原理的自适应阈值选择方法，对每个阈值求出对应的风险值，风险最小的即为所选；② 固定阈值准则（sqtwolog），设 n 为小波系数向量长度，则设定阈值为 $Tr=2\log n$；③ 混合阈值准则：用于最优预测变量阈值的选择，它是 rigrsure 准则和 sqtwolog 准则的混合；④ 最小最大阈值准则（minmax），是根据统计学中的绩效极大估计量而设定的一种固定阈值选择方法。以上 4 种阈值准则中，rigrsure 和 sqtwolog 是相对比较保守的准则，它仅是部分系数置零，可以保留较多的高频信号。因而根据金融数据的高频性特征一般可以选择 rigrsure 准则或 sqtwolog 准则来确定阈值。在实证中，阈值取 140。

3. 小波消噪及重构

一般来说，除了简单的强制消噪方法（该方法直接将小波分解结构中的高频系数置零），阈值消噪方法可分为默认阈值消噪处理和软（硬）阈值消噪处理两种，后者在实际应用中比前者更具有操作性。通过阈值选择的高频和低频系数及小波逆变变换公式计算出信号的小波重构，达到消噪的目的。

6.3.3　向量机

支持向量机（Support Vector Machine，SVM）是数据挖掘中的一项新技术，是借助最优化方法解决机器学习问题的新工具[3]。虽然它还处在发展的阶段，但其理论基础和实现的基本框架已经形成。支持向量机目前主要用来解决分类问题和回归问题。而股市行为预测通常为预测股市数据的走势和预测股市数据的未来数值。当用户将走势看成是两种状态（涨、跌），问题便转化为分类问题，预测股市未来的价格是典型的回归问题。有理由相信支持向量机可以对股市进行预测。

支持向量机是 Cortes 和 Vapnik 于 1995 年首先提出的，在解决小样本、非线性问题及高维模式识别中表现出特有的优势，并能够推广应用到函数拟合等其他机器学习问题中。它是建立在统计学习理论的 VC 维理论和结构风险最小原理基础上的，根据有限的样本信息在模型的复杂性和学习能力之间寻求平衡点，以获得最好的推广能力。VC 维是对函数类问题的一种度量，可以简单地理解为问题的复杂程度，VC 维越高，一个问题就越复杂。而 SVM 正是用来解决这个问题的，它基本不关乎维数的多少，与样本的维数无关（有这样的能力也因为引入了核函数）。机器学习本质上就是一种对问题真实模型的逼近，选择的模型与问题真实解之间究竟有多大差距，无法得知，因此统计学引入"泛化误差界"的概念，是指真实风险应该由两部分内容刻画：一是经验风险，代表了分类器在给定样本上的误差；二是置信风险，代表了在多大程度上可以信任分类器在未知文本上的分类结果，第二部分是没有办法精确计算的，因此只能给出一个估计的区间，也使得整个误差只能计算上界，而无法计算准确值（所以叫作泛化误差界，而不叫泛化误差）。

6.3.4　指数预测

国信证券公司曾经使用基于小波分析和支持向量机的指数预测模型预测沪深 300 指数走势。选择了应用 50 个交易日为训练集预测 5 个交易日的方法，绘制了如图 6-3 所示的近一年沪深 300 预测图形（Real 表示真实走势，Forecast 表示预测走势）。通过反复观察发现，预测走势有滞后真实走势的现象，两者相关系数为 0.78，预测每日涨跌的准确率为 68.5%。

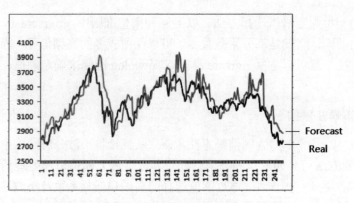

图 6-3　指数预测和真实对比①

▲ 6.4　客户分群的精准智能营销

6.4.1　挖掘目标

　　面对客户的个性化需求，大众营销已经失去优势。基于客户信息、客户价值和行为，深入数据分析的洞察力营销、精准化营销的理念逐渐被接受，许多公司希望通过数据挖掘技术来减少营销成本、提高营销效益。以电信行业为例，数据挖掘的价值包括以下几方面。

　　（1）争取更多的客户。根据对现有客户的分析，识别潜在客户，提高市场反应速度，优化销售渠道结构，提供差异化产品。

　　（2）减少客户流失率。了解流失率较高的客户群特征，特别是其中获利比较多的客户的个性特征。通过市场细分监控具有类似个性特征的客户的发展动态，提高在线客户流失率预测的准确率，提前做好预防客户流失的措施。

　　（3）降低服务成本，提高业务收入，提高企业的运营效率。通过细致地分析用于各个用户群的服务成本，用较少的成本定位目标市场，最优化投资，设计出有吸引力的且节省成本的服务组合提供给各个细分市场。

　　（4）优化服务。监控每个细分市场的业务使用和获利情况，建立不同的销售渠道来满足不同电信市场的需求。根据客户需求定制个性化服务产品，及时洞悉客户的业务或者产品的使用情况，以提高用户业务的使用满意度。

　　（5）制定精准的市场营销策略。通过熟悉各个细分市场的消费特征，为各个细分市场制定专门的价格、渠道、促销和个性化产品。

6.4.2　分析方法和过程

　　客户分群最主要的目标是"分类"，营销者根据顾客之间需求的差异性，把一个整体市场划分为若干个消费者群的市场。由于顾客对运营商产品需求的多样性、变动性以及运营商企业资源的有限性，运营商企业在市场营销过程中必须进行"市场分析"，选择目标市场，做出市场定位，并结合目标市场的特点和结构制定有针对性的市场营销策略。

　　数据挖掘的分类和聚类方法都可以应用于客户分群[4]。本案例将对用聚类方法进行

① 资料来源：国信证券经济研究所

客户分群的实现模式进行详细阐述。

1. 客户分群的业务理解

客户根据营销属性分为 3 类：公众客户、商业客户和大客户。其中，公众客户的消费行为随机性较大，客户分布难有规律可循，比较适合聚类分析。从价值和行为维度方面考察客户业务拥有与使用、消费行为变化、他网业务渗透等方面属性，采用聚类分析的数据挖掘技术对研究的目标客户进行客户分群，对各客户群进行特征刻画和属性分析[5]。由于客户的特性是不断变化的，数据挖掘的分析结果具有一定时效性，因此挖掘在目标、进度和资源安排上要有明确要求。

首先，针对各个部门的需求进行访谈和策略分析。基于访谈中了解的客户需求，本案例采用"用户行为特征"作为细分变量，以"用户人口统计信息和客户价值"为描述变量，从而定位人群特征。

2. 客户分群的数据理解

本例分析了各业务系统及企业数据仓库中客户信息、客户消费及购买使用行为 3 个方面最近 6 个月的历史数据。通过业务受理开通的 CRM 系统，进行计费、账务及欠费处理的计费系统，卡类业务的智能网系统，客户服务的 10000 号系统，营销服务的渠道系统，还有结算系统得到原始数据。这些业务系统储存了企业运营的海量客户数据。有些企业还建立了数据仓库系统，要对这些数据进行清洗、整合和集中。

本例从企业数据仓库中确定了以下数据的来源。

（1）客户基本信息（USER_DCUSTM）。

（2）用户账务信息（FEE_SHOULDDM）。

（3）呼叫详细记录信息（Calling Deatil Records，CDR）。

❑ 语音 CDR（CALL_CDR）。

❑ IP 业务 CDR（NEWBUSI_CDR）。

❑ 短信业务 CDR（NEWBUSI_SMSCDR）。

❑ 梦网业务 CDR（NEWBUSI_MESGCDR）。

（4）客服信息（DW_USR_SRVIFM）。

客服信息可以借助一些可视化工具或者统计分析进行数据探索，以明确数据的分布状况和重要的属性以及关系。例如，通过值分析对数据进行基本的探查，包括空值、唯一值、空字符串、零值、正值、负值的统计；通过统计分析计算各数值类型变量的最小值、最大值、均值、标准差等，有利于发现一些异常值；频次分析、直方图分析有助于更准确地了解数据的分布，从中发现有价值的点，其中频次分析主要面向离散型变量，而直方图分析主要面对连续型变量。

数据探索有助于提炼数据描述和质量报告，还能发现数据异常，并为进一步的数据转换和数据准备打基础。除了统计分析，抽样核查比较也是数据检验常用的方法。在进行数据检验时，需要有对数据意义和取值范围敏感的业务人员参与。

3. 客户分群的数据准备

数据准备是指将原始未加工的数据构造为最终分析数据集的活动，是数据挖掘过程中最耗时的环节，数据准备的流程如下。

（1）数据选择。

此阶段决定用来分析的数据。选择标准包括与数据挖掘目标明显相关，数据质量和工具技术不构成约束限制（如对数据容量或者数据类型的限制）。数据选择包括对数据表格中属性和记录的选择。客户行为特征与客户需求种类的关系如表6-3所示。

表6-3　客户行为特征与客户需求种类的关系

客 户 数 据	导出客户需求种类
上网时间	对方便性及信息实时性的需求
上网流量	
IP情况	对资费的敏感程度
优惠时段通话情况	
客服电话拨打情况	
语音通话时长	对通话的多层次需求
语音通话次数	
语音通话类型	
服务类型	对多元化服务的需求程度

（2）数据清洗。

此阶段将数据质量提高到所选分析技术和分析目标要求的水平。这包括选择需要进行数据清洗的子集，插入适当的默认值或者通过更加复杂的技术来估计缺失值。本案例将拥有产品较多及公免的客户数据剔除。

（3）数据构造。

该任务包括构建数据的准备操作，如进行变量设计生成派生属性，生成完整的新记录或者已存属性的转换值。在原始数据基础上，通过抽取、合并、衍生得到分主题汇集的价值变量和行为变量形成的中间表，将中间表中每个用户6个月的信息汇总成一条记录。

在进行变量设计时，建议技术人员和业务人员密切配合讨论，根据业务需要挖掘目标及数据源的实际状况，确定数据选择，确定基础变量和数据源的映射关系，确定衍生变量的数据转换逻辑。

中间表变量命名的规范化有助于用户理解、记忆和应用，有利于将来数据挖掘的应用分析。变量命名采用对变量属性进行描述的分段的英文缩写，便于分析。

（4）数据整合。

对各个中间表的数据进行联合，生成最终的分析数据集，也称为"宽表"。

本案例以客户标识为主键，串联客户相关的所有信息数据，建立起统一的客户视图。在整合数据时，回顾业务理解阶段对挖掘目标的定义。

（5）数据格式化。

格式化转换是指根据建模的要求对数据的表现形式进行变换。例如，用K均值算法进行聚类分析时，需要先将数据进行标准化处理，对数据进行Z变换，以消除量纲不同引起的数据差异。

4．客户分群的模型建立

在生成最终分析的数据集后，就可以建立模型进行聚类分析了。模型建立阶段主要是通过因子分析找到变量之间的关系，并优化变量组合。在对模型结果的分析中，根据"群间差距最大，群内差距最小"的原则进行分析，同时调整变量组合，以尽量接近标准。以此方式循环，逐步使模型得到优化。

（1）数据探索。

将前面所叙述的数据进行取样，当拿到了一个样本数据集后，存在太多的未知。它是否达到原来设想的要求？其中有没有什么明显的规律和趋势？有没有意料之外的数据状态？因素之间有什么相关性？这里的数据探索，就是深入调查的过程，最终要达到的目的可能是要搞清楚多因素相互影响而形成的十分复杂的关系。但是这种复杂的关系一下子建立起来比较难。首先可以先观察众多因素之间的相关性，，以了解它们之间相互作用的情况。在这个过程中，对于数据的理解是非常有用的，可以帮助进行有效的观察。但是要注意，数据探索时不要被专业知识束缚了对数据特征观察的敏锐性，不能一直沉浸在原有的思路中，因为数据中可能存在先验知识认为不存在的关系。

结合对电信业务的理解和本次挖掘建模的目标，本案例从客户类型、客户状态和在网天数 3 方面展示了客户的分布情况。由于公免用户不能代表普遍用户行为，容易在聚类中形成噪声，因此在用户状态中仅选择了正常用户，又在其中筛选出了入网时间 90 天以上的用户，以保证研究样本拥有完整的研究期间数据。

（2）因子分析。

宽表中包含了大量客户数据变量，参与建模的变量太多，会削弱主要业务属性的影响，并给理解分群结果带来困难；若参与建模的变量太少，则不能全面覆盖需要考察的各方面属性，可能会遗漏一些重要的属性关系。输入变量的选择对建立满意的模型至关重要。

（3）生成细分模型。

由于价值变量和行为变量具有较强的相关性，可以只挑选客户业务收入变量进行客户价值分群，也可以只挑选客户消费行为变量进行客户行为分群，可以根据数据挖掘的商业目标选择一种分群方式[6]，也可以同时用两种分群模式对同一批客户做两次分群，然后将两次分群结果进行组合，如先分成 9 个价值分群，再分成 8 个行为分群，组合后会有 72 个子群。

由于组合后子群数目较多，不便分析和管理，可以借助透视图分析，将特征相似的子群进行归并，建议最终归并成 7~9 个分群。进行价值和行为组合分群的好处是，能同时兼顾价值和行为两方面因素对客户分群的影响，更利于对各分群特征的描述，并能有效地消除单次分群产生的偏差。

（4）模型分析。

细分前，整个用户群数据落差较大；细分后，各组的强势变量的分布趋于平缓，聚类模型将具有相似特征的记录聚在一起。

模型建立是一个螺旋上升、不断优化的过程，在每一次分群结束后，需要判断分群结果在业务上是否有意义，其各群特征是否明显。如果分群结果不理想，那么需要调整分群模型，对模型进行优化，称为"分群调优"。

（5）客户分群的模型评估。

在分群调优过程中需要对模型进行合理评估。在完成模型建立后，从数据分析的角度来看，模型看上去有很高的质量，然而在模型最后发布前，仍有必要更彻底地评估模型和检查建立模型的各个步骤，从而确保它真正地达到了商业目标。

模型评估阶段需要对数据挖掘过程进行一次全面的回顾，从而检查是否存在重要的因素或任务由于某些原因被忽视，此阶段的关键目的是决定是否还存在一些重要的商业问题仍未得到充分地考虑。这种回顾也包括对质量问题的审视，例如，过程的每一步是否必要？是否被恰当地执行？是否可以改进？有什么不足及不确定的地方及会产生何种影响？根据评估结果和过程回顾，决定是完成该项目并在适当的时候进行发布，还是开始进一步的反复或建立新的数据挖掘项目。

（6）客户分群的模型发布。

模型的创建通常不是项目的结尾，即使建模的目的是增加对数据的了解，所获得的了解也需要继续进行组织，并以一种客户能够使用的方式呈现出来。根据需要，发布过程可以简单到产生一个报告，也可以复杂到在整个企业中执行一个可重复的数据挖掘过程。客户分群结果的发布是通过客户群特征刻画和客户群属性分析来展现的。

6.4.3 建模仿真

本节采用数据挖掘在线建模平台 TipDM 中的改进 K-means 聚类、DBSCAN 聚类、EM 聚类等算法进行模型构建[7]。

1．模型输入

模型输入包括两部分：建模专家样本数据的输入和建模参数的输入，可以定义几组数据作为细分变量，如表 6-4 所示。

表 6-4　细分变量

细分变量来源	细分变量描述
通话范围	本地通话
	国内长途
	国际长途
活动范围	省内漫游
	国内漫游
	国际漫游
跨网情况	网内通话
	运营商 A 通话
	运营商 B 通话
	固话
数据业务	上网流量
	短信
	彩信
客服	营业厅现场办理
	网站办理
	手机 App 办理
	电话办理

2．结果分析

客户群的特征描述是通过将很多枯燥无味的数据变成生动形象的客户体现，以帮助市场营销人员更好地理解客户群。参与分群的变量决定了各分群的主要特征，除了对这些变量的统计及对分布特性的深入刻画，对未参与分群的变量也可以在特征刻画阶段考察其统计特性。

特征刻画，首先对客户群特征进行粗略的定性比较分析，然后利用透视图等工具对各客户群宽表变量分类进行详细地定量刻画。各组特征相对强弱势情况比较如表 6-5 所示。

表 6-5 客户群特征初步分析

分 组 号		细分编号	强 势 特 征	弱 势 特 征
组 1	低使用率组	1	无	无
组 2	固话联系紧密组	2	与固定电话通话多	本地、省内长途漫游、省间长途、短信、IP、跨运营商通话
组 3	中低使用率组	3	与固定电话通话多	省级长途，IP 电话
		4	无	跨运营商通话
组 4	跨网通话组	5	跨网通话时长，次数	漫游
		6	跨网通话时长，次数	无
组 5	短信使用组	7	短信，客服电话	无
组 6	本地通话组	8	本地通话时长，次数	无
组 7	上网流量组	9	上网流量大	无

然后结合年龄和性别进行进一步分析，得到典型群体用户，采取相应的市场策略，如表 6-6 所示。

表 6-6 客户群特征精确分析

组 号	人群特征分析	市 场 策 略
技术敏感组	新业务使用频率高，是铁杆粉丝	推广新业务先让该组人尝试
高端本地商务组	大量本地通话，年龄在 35 岁以上，可能是商务人士或者政府机关人员	体现关怀，重点挽留
中端移动商务组	大量长途漫游通话需求，预判包括业务员、中端商旅人士	推荐漫游话费包
高端移动商务组	大量长途漫游，对资费不敏感	赠送积分、礼品等
学生组	通话少，上网、短信多	推荐校园网业务

6.5 使用 WEKA 进行房屋定价

可以通过浏览器搜索关键字找到 WEKA 的下载地址。因为它基于 Java，所以如果计算机上没有安装 JRE，那么需要下载一个包含 JRE 的 WEKA 版本。安装完毕后，WEKA 的开始界面如图 6-4 所示。

在启动 WEKA 时会弹出 GUI 选择器，选择使用 WEKA 和数据的 4 种方式。本案例选择 Explorer，如图 6-5 所示。

图 6-4 WEKA 启动

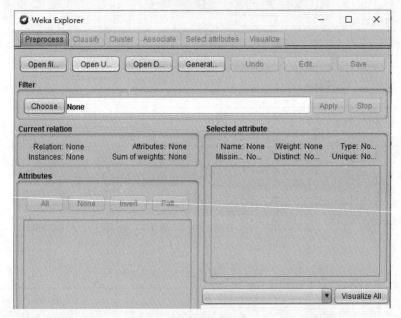

图 6-5 WEKA Explorer

"回归模型"可以简单到只有一个输入变量和一个输出变量，也可以包括很多输入变量。实际上，所有回归模型均符合同一个通用模式，多个自变量综合在一起可以生成一个结果——一个因变量。然后用回归模型根据给定的这些自变量的值预测一个未知的因变量的结果。

每个人都可能使用过或看到过"回归模型"，甚至曾在头脑里创建过一个回归模型。人们能立即想到的一个例子就是给房子定价。房子的价格（因变量）有很多自变量，包括房子的面积、地段、楼层、装修等。所以，不管是购买过一个房子还是销售过一个房子，都可能会创建一个回归模型来为房子定价。这个模型建立在邻近地区内的其他有可比性的房子的售价的基础上（模型），再把自己房子各方面属性的值放入此模型来产生一个预期价格。

为了将数据加载到 WEKA，必须将数据变成一个用户能够理解的格式。WEKA 建议的加载数据的格式是 Attribute-Relation File Format（ARFF），可以在其中定义所加载数据的类型，然后提供数据本身。在这个文件内，定义了每列以及每列所含内容。对于回归模型，只能有 NUMERIC 或 DATE 列。代码及运行结果如下。

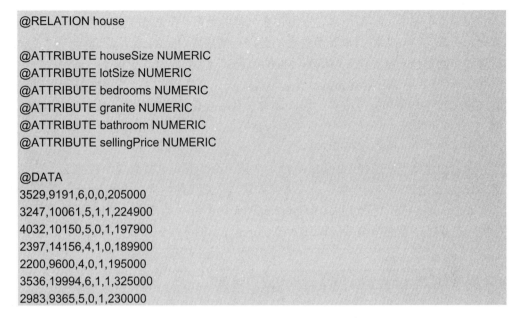

```
@RELATION house

@ATTRIBUTE houseSize NUMERIC
@ATTRIBUTE lotSize NUMERIC
@ATTRIBUTE bedrooms NUMERIC
@ATTRIBUTE granite NUMERIC
@ATTRIBUTE bathroom NUMERIC
@ATTRIBUTE sellingPrice NUMERIC

@DATA
3529,9191,6,0,0,205000
3247,10061,5,1,1,224900
4032,10150,5,0,1,197900
2397,14156,4,1,0,189900
2200,9600,4,0,1,195000
3536,19994,6,1,1,325000
2983,9365,5,0,1,230000
```

创建完数据后，就可以创建回归模型了。启动 WEKA，然后选择 Explorer，将会出现 Explorer 屏幕，其中 Preprocess 选项卡被选中。单击 Open file 按钮并选择在上文创建的 ARFF 文件。在选择了文件后，WEKA Explorer 显示的界面如图 6-6 所示。

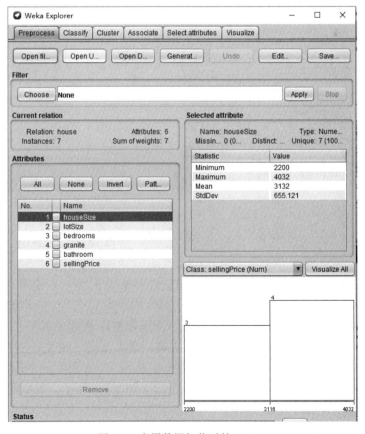

图 6-6　房屋数据加载后的 WEKA

在这个视图中，WEKA 允许查阅正在处理的数据。在 Explorer 窗口的左边，给出了数据的所有列（Attributes）以及所提供的数据行的数量（Instances）。若选择一列，Explorer 窗口的右侧就会显示数据集内该列数据的信息。例如，选择左侧的 houseSize 列（它应该默认选中），屏幕右侧就会显示有关该列的统计信息。它显示了数据集内此列的最大值、最小值、平均值和标准偏差。此外，还有一种可视化的手段来查看数据，单击 Visualize All 按钮即可实现。由于这个数据集的行数有限，可视化的功能显得没有处理更多数据点（如有数百个）时那么强大。

为了创建模型，选择 Classify 选项卡。第一个步骤是选择想要创建的这个模型，以便 WEKA 知道该如何处理数据以及如何创建一个适当的模型：单击 Choose 按钮，然后扩展 functions 分支，选择 LinearRegression 叶。这会告诉 WEKA 我们想要构建一个回归模型。选择了正确的模型后，WEKA Explorer 显示的界面如图 6-7 所示。

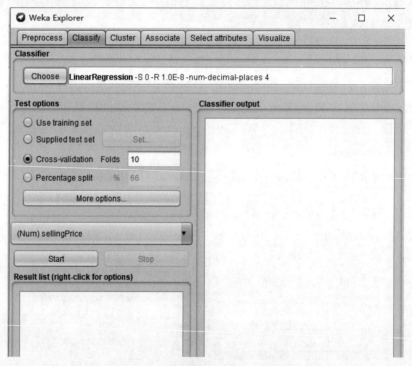

图 6-7　选择模型后的 WEKA Explorer

选择了想要的模型后，必须告诉 WEKA 创建这个模型应该使用的数据在哪里。对于回归，可以简单地选择 Use training set。这会告诉 WEKA 为了构建用户想要的模型，可以使用 ARFF 文件中提供的那些数据。

创建模型的最后一个步骤是选择因变量（即用户想要预测的列）。在本例中指的就是房屋的销售价格。在这些测试选项的正下方有一个组合框，可用来选择这个因变量。列 sellingPrice 应该默认选中。如果没有，请选择它。

准备好创建模型后，单击 Start 按钮。输出结果如图 6-8 所示，图中给出了房屋售价和几个因素之间的计算公式。

图 6-8　结果

6.6　作业与练习

1. 请给出 Spark 集群的 Web 监控的网址表述。

2. scala 中如何读取数据文件的数据？

3. 班级内每位同学提供一份隐去姓名的近 3 个月手机的使用情况，包括话费总额、话费构成、包含时间和时长的通话记录（隐去号码）、包含时间和时长的上网记录。汇总后形成数据集，请参考本书中的相关理论和软件，尝试对该数据集中的用户进行分类，预测用户下个月的手机使用情况。

参考文献

[1] 赵勇. 架构大数据[M]. 北京：电子工业出版社，2015.

[2] 博客园. 一文弄懂神经网络中的反向传播法[DB/OL].（2017-06-29）[2023-03-05]. http://www.cnblogs.com/fonttian/p/7294822.html.

[3] 许伟，等. 金融数据挖掘[M]. 北京：知识产权出版社，2013.

[4] 张焱，等. 数据挖掘在金融领域中的应用研究[J]. 计算机工程与应用，2004（18）：211.

[5] 肖可砾，熊辉. 运用数据挖掘技术检测金融欺诈行为[J]. 金融电子化，2010（8）：89-90.

[6] 刘春明. 数据挖掘技术在金融行业中的应用[J]. 科技资讯，2006（25）.

[7] 张良均. 数据挖掘实用案例分析[M]. 北京：机械工业出版社，2013.

附录 A

大数据和人工智能实验环境

1. 大数据实验环境

对于大数据实验而言，一方面，大数据实验环境的安装、配置难度大，高校难以为每个学生提供实验集群，实验环境容易被破坏；另一方面，实用型大数据人才培养面临实验内容不成体系、课程教材缺失、考试系统不客观、缺少实训项目以及专业师资不足等问题，实验开展束手束脚。

对此，云创大数据实验平台提供了基于 Docker 容器技术开发的多人在线实验环境，如图 A-1 所示。平台预装了主流大数据学习软件框架——Hadoop、Spark、Kafka、Storm、Hive、HBase、Zookeeper 等，可快速部署训练环境，支持多人同时在线实验，并配套实验手册、实验代码、实验数据，同步解决大数据实验配置难度大、实验入门难、缺乏实验数据等难题，可用于大数据教学与实践应用，如图 A-2 所示。

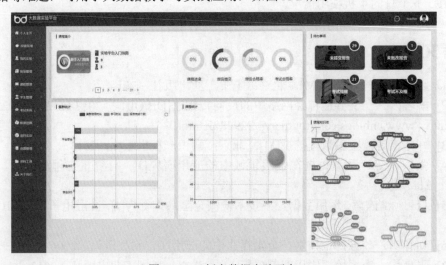

图 A-1　云创大数据实验平台

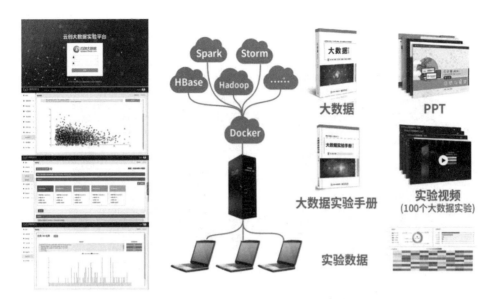

图 A-2 云创大数据实验平台架构

云创大数据实验平台具有以下优势。

（1）实验环境可靠。

云创大数据实验平台采用 Docker 容器技术，通过少量实体服务器资源虚拟出大量的实验服务器环境，可为学生同时提供多套集群进行基础实验训练，包括 Hadoop、Spark、Python 语言、R 语言等相关实验集群，集成了上传数据-指定列表-选择算法-数据展示的数据挖掘及可视化工具。

云创大数据实验平台搭建了一个可供大量学生同时完成各自大数据实验的集成环境。每个实验环境相互隔离，互不干扰，通过重启即可重新拥有一套新集群，可实时监控集群使用量并进行调整，大幅度节省硬件和人员管理成本。

（2）实验内容丰富。

目前，云创大数据实验平台拥有 367+大数据实验，涵盖原理验证、综合应用、自主设计及创新等多层次实验内容。每个实验在线提供详细的实验目的、实验内容、实验原理和实验流程指导，配套相应的实验数据，如图 A-3 所示，参照实验手册即可轻松完成，大大降低了大数据实验的入门门槛限制。

以下是云创大数据实验平台拥有的部分实验。

❑ Linux 系统实验：常用基本命令、文件操作、sed、awk、文本编辑器 vi、grep 等。

❑ Python 语言编程实验：流程控制、列表和元组、文件操作、正则表达式、字符串、字典等。

❑ R 语言编程实验：流程控制、文件操作、数据帧、因子操作、函数、线性回归等。

❑ 大数据处理技术实验：HDFS 实验、YARN 实验、MapReduce 实验、Hive 实验、Spark 实验、Zookeeper 实验、HBase 实验、Storm 实验、Scala 实验、Kafka 实验、Flume 实验、Flink 实验、Redis 实验等。

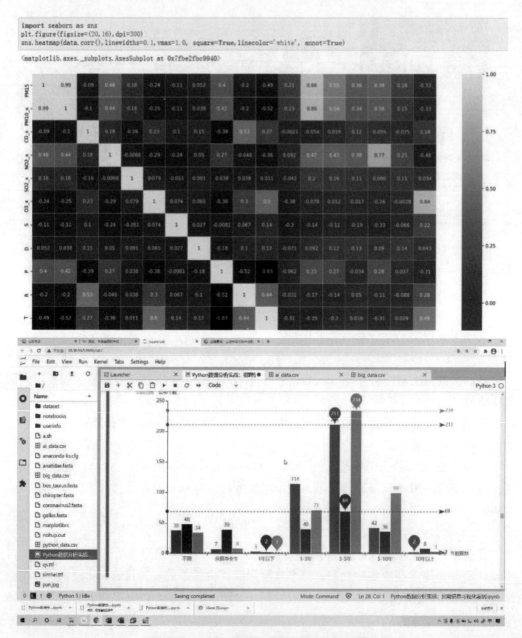

图 A-3　云创大数据实验平台部分实验截图

- ❏ 数据采集实验：网络爬虫原理、爬虫之协程异步、网络爬虫的多线程采集、爬取豆瓣电影信息、爬取豆瓣图书 Top250、爬取双色球开奖信息等。
- ❏ 数据清洗实验：Excel 数据清洗常用函数、Excel 数据分裂、Excel 快速定位和填充、住房数据清洗、客户签到数据的清洗转换、数据脱敏等。
- ❏ 数据标注实验：标注工具的安装与基础操作、车牌夜晚环境标框标注、车牌日常环境标框标注、不完整车牌标框标注、行人标框标注、物品分类标注等。
- ❏ 数据分析及可视化实验：Jupyter Notebook、Pandas、NumPy、Matplotlib、Scipy、Seaborn、Statsmodel 等。

❑ 数据挖掘实验：决策树分类、随机森林分类、朴素贝叶斯分类、支持向量机分类、K-means 聚类等。

❑ 金融大数据实验：股票数据分析、时间序列分析、金融风险管理、预测股票走势、中美实时货币转换等。

❑ 电商大数据实验：基于基站定位数据的商圈分析、员工离职预测、数据分析、电商产品评论数据情感分析、电商打折套路解析等。

❑ 数理统计实验：高级数据管理、基本统计分析、方差分析、功效分析、中级绘图等。

（3）教学相长。

❑ 实时掌握教师角色与学生角色对大数据环境资源使用情况及资源本身运行状态，帮助管理者实现信息管理和资源监控。

❑ 平台优化了从创建环境-实验操作-提交报告-教师打分的实验流程，学生在平台上完成实验并提交实验报告，教师在线查看每一个学生的实验进度，并对具体实验报告进行批阅。

❑ 平台具有海量题库、试卷生成、在线考试、辅助评分等应用的考试系统，学生可通过试题库自查与巩固，教师通过平台在线试卷库考察学生对知识点的掌握情况（其中客观题实现机器评分），使教师完成备课+上课+自我学习，使学生完成上课+考试+自我学习。

（4）一站式应用。

❑ 提供多种多样的科研环境与训练数据资源，包括人脸数据、交通数据、环保数据、传感器数据、图片数据等。实验数据做打包处理，为用户提供便捷、可靠的大数据学习应用。

❑ 平台提供由清华大学博士、中国大数据应用联盟人工智能专家委员会主任刘鹏教授主编的《大数据》《大数据库》《数据挖掘》等配套教材。

❑ 提供 OpenVPN、Chrome、Xshell 5、WinSCP 等配套资源下载服务。

2．人工智能实验环境

人工智能实验一直难以开展，主要有两方面原因。一方面，实验环境需要提供深度学习计算集群，支持主流深度学习框架，完成实验环境的快速部署，满足深度学习模型训练等教学实践需求，同时也需要支持多人在线实验。另一方面，人工智能实验面临配置难度大、实验入门难、缺乏实验数据等难题，在实验环境、应用教材、实验手册、实验数据、技术支持等多方面亟需支持，以大幅度降低人工智能课程学习门槛，满足课程设计、课程上机实验、实习实训、科研训练等多方面需求。

对此，云创大数据人工智能实验平台提供了基于 OpenStack 调度 KVM 技术开发的多人在线实验环境，如图 A-4 所示。平台基于深度学习计算集群，支持主流深度学习框架，可快速部署训练环境，支持多人同时在线实验，并配套实验手册、实验代码、实验数据，同步解决人工智能实验配置难度大、实验入门难、缺乏实验数据等难题，可用于深度学习模型训练等教学与实践应用，如图 A-5 所示。该平台可提供实验报告，如图 A-6 所示。

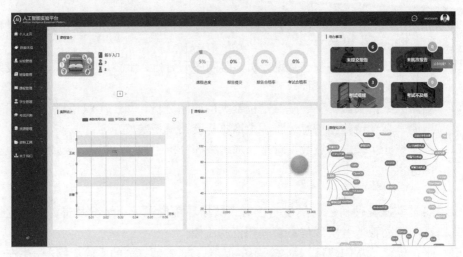

图 A-4　云创大数据人工智能实验平台

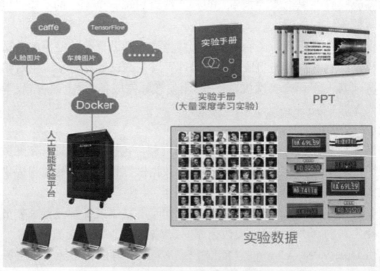

图 A-5　云创大数据人工智能实验平台架构

图 A-6　实验报告举例

云创大数据人工智能实验平台具有以下优势。

（1）实验环境可靠。

❑ 平台采用 CPU+GPU 混合架构，基于 OpenStack 技术，用户可一键创建运行的实验环境，十分稳定，即使服务器断电关机，虚拟机中的数据也不会丢失。

❑ 同时支持多个人工智能实验在线训练，满足实验室规模使用需求。

❑ 每个账户默认分配 1 个 VGPU，可以配置一定大小的 VGPU、CPU 和内存，满足人工智能算法模型在训练时对高性能计算的需求。

❑ 基于 OpenStack 定制化构建管理平台，可实现虚拟机的创建、销毁和管理，用户实验虚拟机相互隔离、互不干扰。

（2）实验内容丰富。

目前，人工智能实验内容主要涵盖了十个模块，每个模块具体内容如下。

❑ Linux 操作系统：深度学习开发过程中要用到的 Linux 知识。

❑ Python 编程语言：Python 基础语法相关的实验。

❑ Caffe 程序设计：Caffe 框架的基础使用方法。

❑ TensorFlow 程序设计：TensorFlow 框架基础使用案例。

❑ Keras 程序设计：Keras 框架的基础使用方法。

❑ PyTorch 程序设计：Keras 框架的基础使用方法。

❑ 机器学习：机器学习常用 Python 库的使用方法和机器学习算法的相关内容。

❑ 深度学习图像处理：利用深度学习算法处理图像任务。

❑ 深度学习自然语言处理：利用深度学习算法解决自然语言处理任务相关的内容。

❑ ROS 机器人编程：介绍机器人操作系统 ROS 的基础使用。

目前，平台人工智能实验总数达到了 144 个，并且还在持续更新中。每个实验呈现详细的实验目的、实验内容、实验原理和实验流程指导。其中，原理部分设计数据集、模型原理、代码参数等内容，以帮助用户了解实验需要的基础知识；步骤部分为详细的实验操作，参照手册，执行步骤中的命令，即可快速完成实验。实验所涉及的代码和数据集均可在平台上获取。

（3）教学相长。

❑ 实时监控与掌握教师角色与学生角色对人工智能环境资源的使用情况及资源本身运行状态，帮助管理者实现信息管理和资源监控。

❑ 学生在平台上实验并提交实验报告，教师在线查看每一个学生的实验进度，并对具体实验报告进行批阅。

❑ 增加试题库与试卷库，提供在线考试功能，学生可通过试题库自查与巩固，教师通过平台在线试卷库考察学生对知识点的掌握情况（其中客观题实现机器评分），使教师完成备课+上课+自我学习，使学生完成上课+考试+自我学习。

（4）一站式应用。

❑ 提供实验代码以及 MNIST、CIFAR-10、ImageNet、CASIA WebFace、Pascal VOC、Sift Flow、COCO 等训练数据集，实验数据做打包处理，为用户提供便捷、可靠的人工智能和深度学习应用。

- ❑ 平台提供由清华大学博士、中国大数据应用联盟人工智能专家委员会主任刘鹏教授主编的《深度学习》《人工智能》等配套教材，内容涉及人脑神经系统与深度学习、深度学习主流模型以及深度学习在图像、语音、文本中的应用等丰富内容。
- ❑ 提供 OpenVPN、Chrome、Xshell 5、WinSCP 等配套资源下载服务。

（5）软硬件高规格。

- ❑ 硬件采用 GPU+CPU 混合架构，实现对数据的高性能并行处理。
- ❑ CPU 选用英特尔 Xeon Gold 6240R 处理器，搭配英伟达多系列 GPU。
- ❑ 最大可提供每秒 176 万亿次的单精度计算能力。
- ❑ 预装 CentOS/Ubuntu 操作系统，集成 TensorFlow、Caffe、Keras、PyTorch 等行业主流深度学习框架。

专业技能和项目经验既是学生的核心竞争力，也将成为其求职路上的"强心剂"，而云创大数据实验平台和人工智能实验平台从实验环境、实验数据、实验代码、教学支持等多方面为大数据学习提供一站式服务，大幅降低学习门槛，可满足用户课程设计、课程上机实验、实习实训、科研训练等多方面需求，有助于大大提升用户的专业技能和实战经验，使其在职场中脱颖而出。

目前，致力于大数据、人工智能与云计算培训和认证的云创智学（http://edu.cstor.cn）平台，已引入云创大数据实验平台和人工智能实验平台环境，为用户提供集数据资源、强大算力和实验指导的在线实训平台，并将数百个工程项目经验凝练成教学内容。在云创智学平台上，用户可以同时兼顾课程学习、上机实验与考试认证，省时省力，快速学到真本事，成为既懂原理，又懂业务的专业人才。